851^M

我们的科学文化

科学有性别吗？

主　　编　江晓原　刘　兵

本期执行主编　章梅芳

上海交通大学出版社

内容提要

一批"科学文化人"本着"君子和而不同"之旨，在《851^M：我们的科学文化》中各抒己见，贡献出自己最新的思想和最具创意的文章。本书为第 10 辑，主题是科学与性别，内容涉及整容、身体史、就医、家政科学与性别政治等方面，还有科学文化最新图书信息与书评，以及相关学位论文摘要。

本书适合对科学文化感兴趣的大众读者及相关研究者阅读。

图书在版编目（CIP）数据

科学有性别吗？/江晓原，刘兵主编. —上海：上海交通大学出版社，2017
（我们的科学文化）
ISBN 978 - 7 - 313 - 17029 - 3

Ⅰ. ①科… Ⅱ. ①江…②刘… Ⅲ. ①科学社会学—研究 Ⅳ. ①G301

中国版本图书馆 CIP 数据核字（2017）第 093724 号

科学有性别吗？

主　　编：江晓原　刘　兵			
出版发行：上海交通大学出版社	地　　址：上海市番禺路 951 号		
邮政编码：200030	电　　话：021 - 64071208		
出版人：谈　毅			
印　　制：上海景条印刷有限公司	经　　销：全国新华书店		
开　　本：710mm×1000mm　1/16	印　　张：14		
字　　数：191 千字			
版　　次：2018 年 1 月第 1 版	印　　次：2018 年 1 月第 1 次印刷		
书　　号：ISBN 978 - 7 - 313 - 17029 - 3/G			
定　　价：49.00 元			

目　录

科学文化图书资讯

学位论文摘要

主编致辞

女性主义科技史能带来新东西吗？

章梅芳

2003 年，在刘兵老师的指引下，我开始涉足女性主义科技史领域。并且，一做就是很多年。其间，遭遇过不少的质疑，常常感到颇为有趣和无奈。

有些人对"女性主义"似乎有着天生的偏见，觉得从事相关研究者应该是飞扬跋扈的"女权人士"，甚至有些谈"女性主义"色变的意思。这让我想起，在国内的女性主义学术圈子里，曾有一些女学者给自己贴上"微笑的女性主义者"的标签，似乎想借此向人们表明自己其实是很友善、很温柔的。在我看来，这一标签显得有些多余，不过你也可以视它为一种策略，更是一种无奈。至今，很多年过去了，一谈"女性主义"就联想到咄咄逼人、要权利要平等的强悍女性形象的人，依然普遍存在。

回到现实，我也确实常常能感受到女性主义想要实现性别平等这一理想，依然困难重重。尤其是近些年为人母之后，这种体会变得更加深切。性别的生理差异、母职观念、性别分工传统等等，这些因素依然牢牢地将男女固定在不同的位置上。包括科技领域在内的各行各业之中，性别不平等的现象依然比比皆是。尽管如此，"科技有性别吗？"，面对这一问题，我依然无法肯定它在国内 STS 学术圈是否有了相对一致的肯定答案。因为近 20 年来，虽然国内研究中外科技领域的性别差异，研究女科学家和讨论女性主义科学哲学的文献越来越多，但坚守科学客观性观念的学者也依然大有人在，在他们看来，性别和其他社会文化因素一样，是无法渗入科学真理的；妇女在科技领域的地位偏低，根本原因出在妇女自身，而非科学或科技体制的问题。

这样说起来，我是个悲观的女性主义者。无论是女性主义者的形象标签、现实行业中的性别偏见，还是关于科技与性别的观念，在过去几十年间的中国，似乎都没有发生什么实质性的改变。这也迫使我常常反思女性主义的前路究竟在何方。然而，反过来想，也许正因如此，女性主义学术才依然有其存在的价值和意义。在我看来，女性主义学术始终应该是关切现实的。

关于女性主义的学理意义，在学术界当然也有过不少质疑的声音。本书主编江晓原老师是一位开明宽容的师长，是我最尊敬的人之一，他就曾很认真地向刘兵老师和我发过一次难。据他的记忆，那是在中国科学院自然科学史研究所一间简陋的办公室里发生的事，最终他认为我们没有成功地说服他女性主义如何使得科学史研究别开生面。我想大约有很多同行有这样的疑问，江老师是一位严谨的人，他的认真比那些提起女性主义一笑而过的态度更让人暖心。他的提问很好地触发我去思考女性主义最核心的学术价值问题，这个问题涉及女性主义安身立命之本。当时没能很好地说服他，我相信他不会认为是因为"他的学术偏见顽固不化"。若干年过去了，江老师和刘老师谈起我的那本《女性主义科学编史学研究》时，提出"即使女性主义科学史没有带来新东西，只要它能够对已有的结论或图像提供一种新的解释，甚至只是提供一种新的描述方式，就有存在的价值——何况我们可以将'新的解释'或'新的描述方式'本身就视为'新东西'的一部分。"江老师的这个转变，虽然显得不那么让人过瘾，但还是让我欢欣鼓舞的。至少，他认可女性主义科技史给历史提供了"新的解释""新的描述"或"新的解题方式"。

大约是在两年前，江老师和刘老师商量着在《我们的科学文化》系列策划一辑与"性别和科技"相关的论文，并由我具体承担这个光荣的任务。这显然表明了江老师对女性主义的宽容。去年7月，京沪两地从事科学文化研究的学者在上海汇聚，讨论科学文化研究的现状与未来，商定《我们的科学文化》的出版宗旨等重要问题。其中，也包括进一步落实这一辑的出版事宜。其间，我先后联系了白馥兰和傅大为两位教授，他们是研究性别与科技史、性别与医疗史的国际著名学者，并经由傅大为教授的帮忙，联系了王秀云、秦先玉两位老师。他们都非常爽快地答应了我的约稿请求。在此，我也对他们的慷慨支持深表谢意！

如此一来，本系列"性别与科技"专辑共囊括了6篇文章。其中，刘兵老师和我的对谈，讨论了在STS和性别视角下研究整容技术的理论立场、可能的研究问题及其意义。白馥兰关于社会性别与技术的研究文章考察了女性主义技术研究的缘起、目标、概念与方法，探讨了人类学视野下技术与社会性别的相关议题，尤其强调技科学人类学和物质文化研究这两大理论分支与女性主义技术研究的相互借鉴意义。傅大为讲述了西方近代身体史的研究和贡献，继而探讨了台湾地区近代身体的建构和前近代身体史的消失问题。王秀云以"宁死不就男医"为例，讨论了近代西方医疗传入中国的过程中所出现的性别规范与半殖民医疗之间的复杂关系。秦先玉从多个方面分析了20世纪50—60年代台湾地区农户与乡村地区电饭锅"少用"现象，强调美援家政学"科学厨房"思维以现代和科学观念解释推迟现象的不适性。陈瑶、章梅芳以"衣"为例分析了民国时期大众媒介中的家政科学与性别政治问题，认为其时轰轰烈烈的家政教育和大众媒介对家政知识的传播尝试以科学方法和技术手段改造家庭事务，培养具有科技新知的女性，但实质上仍然以延续传统社会性别分工观念而非以女性的解放和独立为旨归。

这些文章同时包含对性别与科技研究的理论概述和丰富的案例研究，期望读者诸君在阅读之后，能对"科技是否关涉性别""女性主义科技史是否能提供新东西"等问题给出自己的答案。

观念和现实的改变都是缓慢的,但只要有改变,就有继续下去的动力和希望。

2017 年 5 月 9 日于北京

性别视角下的科学技术

在"悦"与"容"的背后
——从 STS 和性别视角谈"整容"技术的流行

□ 章梅芳 ■ 刘 兵

　　□ 时下，我们常常在各种媒体上见到关于整容的话题，内容多半是哪位明星、哪位网红整成了锥子脸，或者哪位明星的脸又肿了、歪了，下巴又掉了，或者是又有哪位女性整容失败，变得面目狰狞甚至丢了性命，如此种种。在网络媒体发达的今天，这类新闻已变得司空见惯，整容早已成为公众茶余饭后的谈资。心细的看客，大概很快就会发现这类新闻的主角虽然不能说全部，但至少大多数都是女性，整容似乎和女性画上了等号。事实上，整容这件事儿古已有之，并不新鲜，西方的一些女性主义学者业已对整容一事有颇多研究。然而，当整容在当下的中国变成某种时尚时，对它进行严肃的学术研究，尤其是性别视角的分析，依然是十分有意义的工作。

　　■ 确实，整容虽然在一般性的用法中可以将其对象与任何需要整容的个人相联系，但在这个词目前最经常出现的语境下，几乎就像"减肥"一样，显然又是和众多追求美貌的女性相关。因而，这应该是女性主义或性别研究非常值得关注和研究的问题。可惜，到目前为止，似乎还没有看到国内就此问题所做的很有吸引力的研究。

在具体谈论整容问题之前，我倒是想先谈谈相关的研究问题。在设想中，对于整容的研究应该是跨学科的。它会涉及审美、文化、经济，当然也直接涉及医学。在考虑到性别问题时，性别视角的研究自然不可缺少。总而言之，这应该就是一个非常典型的 STS 问题，无论是关心科学、技术与社会的关系的那种传统的 STS，还是对于科学和技术更带有反思性的那种"Science and Technology Studies"。

尽管如此，那么，在国内的 STS 领域中，或者说，在像与之密切相关的科学哲学等领域中，为什么整容没有成为一个热门的研究问题呢？对此，你怎么看？

□ 是的，整容应该是 STS 研究的热门课题之一。比较而言，国内 STS 领域的确很少有学者关注整容的话题，科学哲学领域更是如此。我想，原因应该是多方面的，这里我思考的大概有这么几点。

首先，为什么不是 STS 和科学哲学界，而是历史学、社会学、性别研究领域的学者关心"整容"这个话题，本身已表明某种潜在的、看不见的区分，即在科学技术问题与社会问题之间的区分，尽管 STS 的本义是研究科学技术与社会之间的互动。中国大陆的 STS 研究在自然辩证法和默顿传统的影响下，更着重关注对科学自身的组织结构、科技体制、科研伦理、科学家的行为规范与价值观念等问题。在此历史背景下，"整容"更多地被视为社会话题和娱乐话题，关于这类问题的研究自然被认为属于社会学家和其他人文学者的任务。

其次，与此相关的，不知道您注意到没有，虽然国内社会学、历史学、性别研究等领域的一些学者已将"整容"作为学术研究的对象，但却很少有人深入讨论其中涉及的整容科学与技术问题，很少有研究去挑战整容科学与技术本身的合理性。这便涉及更深层次的一个原因，即国内学界对科学技术的理性主义和客观性观念的乐观坚持，也就是科学主义的问题。在科学主义观念的与境下，整容与科学技术的密切关联被忽略。即便国内科学哲学界已经对科学主义有较多的批判，并且近年来 STS 领域开始关注转基因、核电、大数据等关涉全世界安全发展的科学技术与社会的关系议题，这些研究也依然很少去反思和挑战科学技术本身的合理性，常常于无形之中保持着"内在"解释与"外在"解释之间的界限。之所以会如此，亦有很多复杂的历史原因和现实背景。可想而知，在此科学观的视野中，整容虽然也会涉及一些科学技术的成分或可讨论的问题，但主要还是审美、娱乐、性别、历史和社会问题，因而可能被认为需要的只是"外在"的解释与研究。

第三，这里亦可看出国内 STS 领域对大科学、大技术的社会问题的重视，而对普通公众日常生活中遭遇的具体技术问题关注较少。这同样关涉学界对科学技术的理解，某种程度上是上述科学主义观念的一个延伸反映。事实上，STS 研究更需要关注的是日常生活实践中的科学技术与社会的互动。近年来，国内科学实践哲学、人类学、女性主义学界均开始倡导地方性知识研究、日常技术研究，这是一个新趋势，整容或可成为其中案例研究的选题之一。

最后，由上面的讨论还可看出，国内 STS 和科学哲学界对整容问题关注较少，多少与女性主义在这两个领域遭遇的误解甚至不太被接纳有某种相似性。类似的话题和学术领域依然在边缘，从事中心研究议题的学者多少会带着些根深蒂固的傲慢与偏见，也可能是焦虑与不安。对于女性主义学术的边缘境遇，您的体会一定比我的要多，原因您也一定知晓得更深入。不知道您是否同意我的这些想法，或者说您对这一现象是怎么看的？如果将"整容"作为国内 STS 研究的对象，您认为与已有的一些社会学、历史学和性别研究的成果相比，在研究思路、切入点等方面可能会有哪些不同？

■ 看来，和在观点上比较一致的人谈起来就是相对要容易一些。当然，作为对谈来说，代价则是由于在观点上的冲突少，对话的张力要弱一些，因为在冲突中展开对话，在交锋中阐述各自的观点，会有另一种意味。因此，在这里我们只好把那些我们想批评的东西，作为我们设定的对立面来进行分析了。

我完全同意你刚讲的几个原因。差不多这也正是我想说的。正是由于这些在如何看待科学和技术，如何看待科学和技术与社会的关系，如何看待大科学和日常生活实践中的技术，如何看待科学技术和性别等的关系上存在的问题，导致了我们这里"主流"的STS不太去关注像整容这样本应值得深入研究的问题。

那么，我们自然可以设想，从STS和性别视角去研究整容问题，有哪些可能的切入点。正如你前面所说的，传统中，整容更多地被视为社会话题和娱乐话题，只有改变了科学主义的立场，不再秉持那种将科学和技术本身和其应用之间的"内在"解释与"外在"解释割裂开来的立场，同时必须考虑到性别因素（这是由于这一话题直接涉及的现实所决定的），才可能对整容问题真正做出有价值的STS研究工作。只有在这样的基础立场之下，这才是一种跨越学科界限的研究。

其实，就整容来说，按上述方式可以研究的子问题（包括这些问题形成的背景）是非常多的。中国有句古话，叫"女为悦己者容"。这句话中，就已经包含了诸多可分析的内容。比如，为什么不说"男"为悦己者容呢？显然，只有从性别视角，才可以看出其深意。而基于医学发展而出现的现代整容技术，恰恰是在并不置疑"女为悦己者容"这种说法的价值判断的前提下，为之提供了一种有力的技术支撑。

□ 的确，摆脱科学主义立场能为我们当下的STS研究，尤其是案例研究带来很多有趣的变化。其中之一，正如我们所说的，包括整容在内的很多新话题将自然地进入STS研究的视野。事实上，国外学术界的发展已例证了这一点。

女性主义对整容问题的关注是多方面的，您提到的"女为悦己者容"即为其中之一。它关涉社会对两性角色身份的不同定位，由社会性别观念与结构附加在个体之上的性别定型和劳动分工使然。无论是封建时代的"三从四德"，还是当下的"学得好不如嫁得好"之类的观念，都将女性导向对家庭空间内依附性角色的身份认同。国内妇女学界对此问题已有很多的讨论。然而，诚如您提到的，整容技术和医疗话语在这其中起到的支撑作用却很少被关注，这恰恰是 STS 研究可以切入的重要方面。

如果抛弃对科学技术的客观性与价值中立性的坚持，科学技术话语在整容广告、整容手术、整容相关的社会舆论与影响等方面起到的强势性权威作用，及其与商业资本、社会性别观念、消费文化之间复杂的关联和互动都将受到关注，并变得清晰可见。为此我认为，国内女性主义 STS 学者如果对整容科技开展经验研究，首先应该深入细致地梳理并揭示这些隐秘而牢固的关联。

西方女性主义学术界的很多学者早已关注具有父权制特征的整容手术对女性身体自主权的剥夺和控制，他们认为女性是商业资本、男权文化及其审美需求的被动牺牲者。当然，亦有另一些研究注重强调女性主体的自主性，认为她们试图通过整容获得新的身份认同，从而实现改变自身境遇的目的，她们的行为是一种主动性的、有效的策略。类似于对辅助生育技术、赛博格等问题的讨论，女性主义常常在技术乐观主义和技术悲观主义这两极之间摇摆。对此，您有什么看法？

■ 问题总是复杂的。在现实中，在和一些女性谈及女性主义对于像整容（其实广义地也可以将化妆等类似的但在程度上有所不同的技术方式包括进来）问题时，她们会争辩说，她们整容并非是为了别人，并非是为了取悦男性的审美，而是因为通过整容等手段让自己变得更漂亮，会让自己的心情更愉悦，从而使自己的生活更加美好。

但对于像这样的说法，其实也还是可以进行一些分析的。

例如，就像在女性主义研究中，经常可以遇到的一种被有些人混淆的情形一样，其实许多身为生理性别女性的人们的看法，并不天然地就是代表女性主义的立场。女性主义并非天然地因女性的生理性别而产生，反而是需要通过反思、研究而出现和传播的。这恰恰是女性主义学术研究的必要性之一。

在承认我们的社会整体上仍然是一个父权制的、男性中心的观念占主流地位的社会的前提下，不论男性还是女性，经常会潜移默化地、无意识地接受许多在实质上是男性中心论的意识和观念。甚至连何为漂亮的审美标准也是如此。但一些生理性别为女性的人，对此并不一定有明确的意识，反而以为是在以女性的自主来控制着自己的行为和身体。

这里又涉及了身体这个在后现代话语中经常会遇到的复杂概念。进而，还会让人们联想到与身体问题相关的像赛博格这样也被女性主义学者所研究的、颇有些微妙和晦涩的理论。近来，你也对哈拉维的工作有所关注并写了研究文章，也许你可以对之进行一些解说。

但我前面说问题是复杂的，还有另一层所指。即我觉得，在现实的女性主义研究中，似乎还存在有另一种可能是有问题的倾向，即一些学者总是试图将某种女性主义的立场和解说不分语境地一并用于改变现实。这反而可能会带来一部分女性（更不用说男性了）的某种抵制心理。也就是说，在一种多元化的立场下，女性主义的某些解说和分析，也并不一定要以另一种新的、一元化的方式在现实中成为另一种一统的中心理论。但在整容这件事上，这个问题如何处理，我还没有想得很清楚。

□ 您提到的现象确实很常见，我身边遇到的例子就不在少数。因为女性视角并不等于女性主义视角。很多女性甚至比男性更深受父权制思想的浸染，一些在父权制框架内获得较高社会身份的女性可能比男性更愿意维护这套体制。例如，贾府的老太君大概就可以看成是父权制的代言人。至于现实中的整容女性，她们大概不会去反思"美丽"会与"父权制"有什么关联，不会去思考为什么高鼻梁、锥子脸、双眼皮、单薄的身材就代表着"美丽"。这些美丽标准由谁引导？如何成为主流？可能会对女性产生什么影响？这些都不是她们关心的。在某种程度上可以说，现实之中的饮食男女，无论是生理性别还是社会性别意义上的男性与女性，通常对这些问题表现出一种集体的无意识性。

不过，我觉得我们需要做的并不是打着女性主义的旗号去干预或改变这些女性的个人选择，更不能要求她们必须具有女性主义的学术眼光。这或许与您的另一层所指相关。女性主义倡导科学的文化多元性，并早已超越通过抹除性别差异去追求性别平等的阶段，当下的女性主义学术致力于实现两性之间的差异平等，并关注女性内部的异质性。因此，女性主义强调多元化，"科学""技术""美丽的标准"等都是多元的，反对西方科学一统江湖的霸主地位，强调地方性知识的重要性。哈拉维等人明确提出过，女性主义科学认识论并不宣称自己的方案是唯一正确的、普适的真理，客观性从来都是部分的，科学知识是涉身性和情境化的。

具体到整容问题，我想上述多元化立场依然可以一以贯之。"美丽的标准"有很多种，只有当无论胖瘦，无论肤色黑白，无论单眼皮双眼皮，无论锥子脸国字脸，都可以自然、自在地存在，并被赋予不同的"美丽"定义，女性大概才不必刻意通过整容手术去实现某种标准化的"美丽"。在此背景下进行的整容行为，可能才是真正具有自主性的表现。打个比方说，在异性恋意识形态之中，同性恋被视为"不正常"和"病态"，同性恋群体的坚持与维权绝非要求所有人都成为同性恋，而是希望同性恋能与异性恋获得同样的社会认可与尊重，而不是被妖魔化。实际上，类似缠足、减肥等问题，道理皆是如此。这个话题说得再远些，便与文化多元性、生态多样性的长远意义相关。

■ 在你的这些解说中，是赞同基于文化多元化的立场去看待整容问题以及其他类似问题的，我是认可这样的观点的。不过，在现实中，我觉得有一些女性主义者确实有力图让某种女性主义的主张一元化的倾向，从而会显得比较激进，反而影响了一般公众对于女性主义的接受，甚至还可能带来某些误解和反感。这也可以算是在女性主义研究和传播中存在的问题吧。

更宽容一些地思考，一些女性主义者之所以会这样，也有其可理解之处。毕竟中国文化中也有"矫枉必须过正"的说法。只是，过得太多，还是会有负面的效果。

在谈了与整容相关的一些理论立场问题之后，我们还是可以回到从性别视角来审视科学、技术与像整容这些与女性关系密切的生活技术问题上来。

前两年，我曾指导一个硕士生，将其学位论文的工作集中在以科学传播和女性主义视角来对几个重要门户网站的女性频道进行研究上。通过研究确实发现，如果以这样的视角来审视的话，那些女性频道上有着大量内容或是以科学技术的名义，或是真的可能借助科学技术的新发展以对女性的关爱为名，涉及对女性身体的各种"改造"。这里用"改造"一词似乎有些尖刻，但实际上，包括整容、化妆等，不正是基于文化、经济等方面的需求而对女性天然的身体所进行的修整（我有时甚至还会更尖刻地用"装修"一词）吗？在这里我们又看到，科学技术的手段，通过像医学、日用化工等领域的成果，完全可以成为一种反女性主义的帮凶，以女性主义的立场来看，也可以说是某种残害。当然，即使不谈女性主义，在一般的伦理判断中，由于资本的驱使，再加上种种体制上的问题，尤其是在整容领域，以科学技术的名义而构成对女性的身体在日常意义上的残害，也是很常见的。

□ 我的观点确实属于比较宽容一点的，不过有时候激进或许更能振聋发聩。一元化的倾向在学术上当然更容易引发强烈的不满，因为它意味着某种彻底的替代与革命。女性主义学术在国内遭遇的误解确实比较多，从根本上讲，内含明显政治诉求的学术与科学技术本身乃至传统科学技术史、科学技术哲学等学科对客观性的坚守之间，存在着很难跨越的鸿沟，尽管后者并非真的能从方法论上做到客观中立和价值无涉。有时候，您或许会发现，即便是相对宽容的主张，也依然很难说服传统科学家和科学哲学家们。传统范式的力量实在太过强大，新的缺省配置的形成是一个漫长的过程。学术界尚且如此，更不用说公众了。

我好像听您提起过带研究生做门户网站女性频道的事，但不知道具体是什么情况。您提到的"装修"和"改造"两词，十分有意思。前者表明装点和修饰，与建筑装修意义接近，有点调侃的意味；后者表达的是改变和塑造的意思，对我们隐含着假设存在的"天然身体"的影响程度似乎更深一些。不过从另一层意义上讲，"装修"一词也有它绝妙的地方，因为它在身体与建筑物之间做了某种类比，这种类比潜含着将身体看作无生命之物的意味。这便让我联想到麦茜特的《自然之死》一书，身体其实和自然一样，一旦与生活世界的意义隔离，成为可以任意拆卸、肢解、装扮的纯粹客体，科技披着客观性的外衣通过整容参与对身体的"残害"，便缺乏了现实的伦理约束。

当下正缺乏您做的这类案例研究，深入描述和揭示科技、资本、消费文化等结合并参与身体改造的过程，比相关的理论阐述更有利于启发学界和公众思考。不过，做这类研究，往往很容易与医疗伦理、市场失范等问题交织在一起，从而使得女性主义STS研究的独特性被遮蔽，为此，我很期待能看看这篇论文。

您的结论与女性主义对技术的批判态度十分一致。实际上，如我之前提到的，一些女性主义学者包括哈拉维等人，开始强调要充分利用新科学和新技术为女性主义话语和现实目标服务。对此，瓦克曼等学者提出了针对性的批评，认为这种乐观主义态度忽略了资本与父权制结构的强大惯性。同时，也可能使得技术工具论的思想重新流行。不知道您对此有什么看法？另外，联想到"赛博格"一词，我还想与您探讨，在当下的日常实践中，是否还存在所谓的"天然身体"呢？

■ 关于女性主义研究中的"赛博格"问题，以及关于哈拉维的理论，我确实不算很了解，你曾做过一些相关的研究，这个问题，还是等后面你先来详细地谈谈，我再接着评论吧。

但谈到这里，我又联想到另一个似乎可以算是更"广义"的"整容"问题，这就是当下流行的手机拍照里用"美图秀秀"之类的对自拍照进行PS修饰。或许，这可以称为"虚拟整容"吧。也许在物质的意义上，这种整容对身体没有什么直接伤害，但在其背后的文化含义方面,却可能与真实的整容有许多相通之处。前两年,我曾看到过有人写的对"婚纱照"的高价与流行的视觉文化分析,其实那也与"美图秀秀"之类的手机美图软件的"整容"有类似之处。(在现在这种婚纱照里,照片中的人物和现实中的真身哪还有几分相像呢?)对于这些延伸了的"整容",我想,也是可以进行性别视角的分析研究吧。

□ 既然您提到,那我就说几句与"赛博格"有关的讨论。赛博格女性主义关心的议题很多,我这里只讨论与咱们对谈有关的两个问题。第一,女性或女性主义者能在多大程度上利用新的科技,包括信息技术或整容技术,去获得或实现性别平等? 对此,哈拉维给出的答案是乐观的。她认为,通过信息技术,在虚拟空间中性别平等有可能实现。而其他学者如瓦克曼则认为,现实世界的资本与父权制结构依然会在虚拟空间产生无法忽视的影响。如同整容,当你整容成功,获得了"理想"的身体,甚至因此收获了幸福的爱情或如意的工作,但这一切背后的社会性别规范依然在影响着你的日常生活,性别平等并不会因技术发展而得以实现。相反,如同我们强调的,科技更可能是帮凶。当然,我并非彻底否认整容女性的自主性,及其对科技话语和性别话语的借用并以此实现个人成功的可能性。

第二,整容之后的身体其实就是赛博格。哈拉维提出的赛博格概念强调消解文化/自然、人类/机器/动物等传统划分及其哲学意义。在科技发展的今天,即便你只是戴了一副近视眼镜,你也已经是某种意义上的赛博格了。和自然一样,"天然的"或"纯粹"的身体也越来越少了。从这个角度来看,整容对身体的改造只是程度轻重的问题。重新塑造的"身体"是技术物(包括硅胶、玻尿酸、假体等)与原初肉体的某种融合状态。如此,身体究竟是什么变成了很重要的哲学问题。不过,在这里我想谈的是,随着科技及其技术物对身体的不断入侵和规训,身体的主动性在逐渐地消隐。如同我之前说的,身体被机械化、客体化,因而可以被任意改造,这是近代科学革命以来才逐渐强化起来的观念。正是因为身体与传统礼法社会之间的密切关联被截断，类似于整容这类针对身体的改造活动才变得如此流行而不被质疑。

不记得在哪里看过一句话，说日本女星靠化妆，韩国女星靠整容，中国女星靠 PS，意思大概是说三者呈现给公众的是具有同样效果的视觉形象，但都是假的。我觉得，就对身体的改造而言，整容、化妆和 PS 这三种技术的实质是相同的，只不过有直接与间接之分，或者程度有所差异。不过，视觉文化方面的研究我完全不熟悉，您能分享一些与整容及其延伸话题有关的工作吗？

■ 其实，视觉文化研究，虽然近些年来在国际上很热，在国内也有一些学者在做，但涉及科学文化方面的视觉文化研究却并不多见。我也曾带着学生做过一些初步的工作，比如对科学家肖像和科学传播的研究，对科学漫画史的研究、对视觉科学编史学的研究等。不过，要把这件事简单地说清楚也并不容易。大致地，我们可以设想它是以人文的、文化研究的手段、立场和方法，对有别于传统的文本对象所进行的涉及面非常广的一大类工作。如果就与我们的对话相关的整容问题，其实也是可以在视觉的意义上被包括在内的，但关键点在于，除了直接研究对象的变化之外，研究的立场、方法和理论，以及分析和批判性的立场也非常重要。就像关于整容，如果就技术问题来谈，而无视其背后的文化问题、审美问题、经济问题，以及性别立场问题，那就不可能真正深入地理解整容的实质。

这篇对谈到这里篇幅已经不小了，差不多也快收尾了，尽管对这样一个话题要展开讨论，一本专著的篇幅也远远不够，但我们毕竟只是初步地就此做些议论，希望能引起大家的关注，也希望以后能有更多更专门化、学理化而且有性别立场的研究出现。

□ 是啊，不知不觉谈了这么多。实际上，还有一些话题没有深入展开。比如，西方女性主义学者关于整容技术的具体研究成果的介绍和分析等。不过，若真是对这个问题有兴趣，大概就会自己去找来读的，不烦我们多此一举。我觉得，咱们这个谈话其实只是一个楔子，目的就像您说的——抛砖引玉。希望STS学界能关注像"整容"这类普通老百姓在日常生活实践中经常遇到的技术议题。借助于女性主义、人类学和视觉文化研究等分析角度，相关的经验研究不但有利于拓展国内STS和科学技术史研究的范围，还有助于进一步转变学界的唯科学主义思想观念，甚至有助于科学技术哲学研究深化对认识论、本体论等问题的讨论。期望将来，我们或者有更多的研究生愿意以此为案例，做深入细致的STS经验研究工作。

■ 确实如此！不过，你要是有时间，找几篇有代表性的西方女性主义学者关于整容技术研究的论文（不必全面，仅仅是示意性的），将出处列在本对谈后面，如果有人有兴趣，便可更方便地找来作入门性的阅读，如何？

□ 好的，不过研究论文实在太多，这里简要列几部相关著作以飨读者吧。

推荐阅读书目：

[1] FRASER S. Cosmetic surgery, gender and culture [M]. New York：Palgrave Macmilan，2003.

[2] DAVIS K. Dubious equalities and embodied differences：cultural studies on cosmetic surgery [M]. Lanham：Rowman & Littlefield Publishers，2003.

[3] HEYES C J，JONES M. Cosmetic surgery：a feminist primer [M]. Aldershot：Ashgate Press，2009.

[4] 伍尔芙 N. 美貌的神话 [M]. 何修，译. 台北：自立晚报文化出版部，1992.

[5] 戴维 K. 重塑女体：美容手术的两难 [M]. 张君玫，译. 台北：巨流图书公司，1997.

[6] 波尔多 S. 不能承受之重：女性主义、西方文化与身体 [M]. 綦亮，赵育春，译. 南京：江苏人民出版社，2009.

社会性别与技术

白馥兰（Francesca Bray，爱丁堡大学人类学系）

引言

在任何社会中，社会性别得以表达的一个根本途径是技术。技术技能与专业知识领域之间及其内部的性别划分，形塑了男性气质和女性气质：也许女性的标志性技巧是制作篮子，而男性应该擅长狩猎（Mackenzie 1991）；男孩在被正式教会用润滑剂之前，必须通过学会清理父亲的工具而对其有所了解（Mellstrom 2004）；贫困妇女通过养蚕、卖茧来养家，夫人组织仆人进行缫丝、纺丝、织造的任务（Bray 1997）；男孩坐在计算机屏幕前训练黑客技能，而女孩则使用表情符号创造了新的通信代码（Laegran 2003，Miller 2004）。在当今世界，或至少在西方国家，因为率先进行工业化，从而能够如此长时间地主宰全球物质、知识商品及其服务的生产，以及欲望的催生。技术始终是男性的代名词，男人被视为与技术有天然的亲和性，而女人们则害怕或不喜欢它。男性积极与机器打交道，制造、使用或维修机器，并喜爱它们。妇女则不得不在工作场所或家庭中使用机器，但她们既不热爱也不想了解它们：她们被认为是技术发明和创新思想的被动受益者。技术与男性气质之间的现代关联，逐渐转化为社会性别、历史叙事、就业实践、教育和新技术设计的日常经验，以及全球社会中的权力分配问题，在这些社会中，技术被视为进步的推动力。

"由于技术和性别都是社会建构的产物并且是相互渗透的，我们不可能在不了解一方的基础上完全理解另一方"（Lohan & Faulkner 2004：319）。社会性别与技术研究领域（Gender and Technology Studies）或称 FTS 内的一场网络辩论，促使 FTS 关于社会性别与技术共同生产（coproduction of gender and technology）的理论得以不断推进。FTS 对"建构性"紧张关系的研究，目的在于探索出创新性的分析方法，去研究我们正在通过技术而不断创造的这个物质世界，以及技术在地方和全球化的权力分配、身份形成、生活方式方面的形塑作用。虽然这场辩论运用了不同的术语表达，却仍然遮蔽了当下人类学对技术在家庭（oikos）（什么是人类社会的形式？）、人类（anthropos）（人是什么？）构型中的变革性角色，以及对技术不稳定性的关注（Collier & Ong 2005）。奇怪的是，这两个领域的辩论之间并没有展开对话，而是仍然保持着不接触的状态。

关于社会性别与技术这对范畴的理论争论，主要吸引了从事批判性技术研究的女性主义社会学家和历史学家。北欧社会人类学家和技术人类学领域的一两位英法派代表性学者，也参与了这一辩论。这些学者相互争论、合作并为同一问题的深入研究做出了贡献。FTS 学者借鉴女性主义科学技术哲学家哈丁（1986）、哈拉维（1991），以及社会性别理论家巴特勒（1993）等人的成果，这些成果同时也给予人类学家以理论启示。然而，FTS 与文化人类学之间的失之交臂，还是十分令人震惊的。后者在 FTS 的研究论文（Lerman，et，al 1997，Wajcman 1991，Lohan & Faulkner 2004）和 FTS 的重要选集（MacKenzie & Wajcman 1999，Lerman，et al 2003）中明显缺失。相反地，大多数文化人类学家抓住了当今世界的流动性和主体性问题，但即使他们把"技术"放在研究的核心位置，却忽视了 FTS 学术，他们运用有着微妙差异的术语来定义、描述和阐释他们的关键问题和探究对象。

本文首先考察 FTS 的起源与目标、概念与方法，这些均被用以探索社会性别与技术的关联。然后再转向技术人类学，虽然它并不如 FTS 那样关注社会性别，但仍然为探索社会性别制度提供了有用的概念框架和研究方法。社会性别–技术的关系问题也在人类学的工作、实践和发展中有突出的体现，但遗憾的是篇幅有限，将不予过多的讨论（可参考 Freeman 2001，Ortiz 2002，Mills 2003）。在此，我不会关注技术的社会文化分析与社会性别分析这两者间在意识形态和方法论上的冲突，而主要讨论关于现代性和全球化的文化人类学领域中两个重要理论分支对技术的研究情况：技科学的人类学研究（Anthropology of Technoscience）和物质文化研究（Material Culture Studies）。我通过提一个问题来给出结论：这两个领域将通过什么样的方式进行互动？

女性主义技术研究：技术与性别的共同生产

女性主义技术研究在与技术史和技术社会学的对话中得以发展，它在这些学科领域反思宏大叙事的学术中处于核心位置，并且发展了新的分析模式（Lerman et al. 1997，Faulkner 2001，Wajcman 2004）。荷兰、英国和澳大利亚的女性主义社会学家、历史学家，以及一个包含了社会人类学家的挪威学者网络，在发展女性主义技术研究领域的过程中扮演了先驱者的角色。

由于坚持认为在现代社会，有效地参与技术对于女性主义实践而言至关重要，FTS 始终致力于探索出新的理论和方法论工具，以在同一层次上同时分析技术和社会性别（Lohan 2000，Faulkner 2001）。不同于其他女性主义对技术的研究，后者倾向于将技术人工物视为现成之物，FTS 注重将技术的生产视为一种政治影响力。

"标准视野"（standard view）（Pfaffenberger 1992），作为当下仍然普遍流行的一种颇有影响力的现代性叙事，将科学视为最纯粹的、最有影响力的知识形式，认为科学是现代性的驱动力，就解决实践问题而言，技术在本质上是科学的应用。早在很久之前，技术研究便排斥这一模式，它坚持技术本身必须被视为一个独特的实践来研究。20世纪80年代，科学元勘也承认技术及其认识论在形塑科学知识生产中的关键性作用。尽管探讨了技术的政治层面、文化层面，甚至是宇宙论层面，技术研究依然长期保持着性别盲视（即忽视技术的性别维度）。这些研究聚焦于现代工业技术和军用技术，结果表明工程世界和商业世界强调男性是机器制造者这一社会现实（Staudenmaier，1985）。

20世纪70年代，激进女性主义者和生态女性主义者发起了一项针对技术的内在父权制本质以及更一般性的技科学的批判。这类研究呈现出某种本质主义危机：一些女性主义者批判所有的技术都内在性地压迫女性；其他的人则仍保有对女性的刻板印象，即认为女性天生是养育性的角色。社会主义女性主义者通常努力在他们的工作中更多地考虑到具体与境，从而推动马克思主义学者超越阶级分析方法的局限，去追问现代西方技术是为何又如何成为男性主导的；去分析现代劳动分工和将女性局限于家庭空间的安排所产生的社会性别影响；去拓展重要技术的范围，既包括航天探测器、悬浮大桥，也包括电冰箱；去探索劳动组织或技术设计的生产影响，及其在再生产和伦理方面的影响。（Oakley 1974，Cockburn 1983，Corea et al. 1985，Kramarae et al. 1988，Wajcman 1991）。柯旺对于家用技术（1983）的标志性研究改变了人们通常的看法：即技术让我们的生活更加轻松（Stanley 1993），它展现了机械化是如何提高"清洁"的文化标准，而不是将女性从家庭琐事中解放出来。通过质问譬如技术的有效性和重要性的概念，FTS扩大了技术研究的范围，将诸如乳罩、壁橱、白领阶层等事物囊括其中（McGaw 1996）。女性主义关于工程师职业的研究，揭示了女性遭遇的制度障碍、社会障碍和文化障碍（Arnold & Faulkner 1985，Cockburn 1985，Bucciarelli 1994）。FTS的议程既是知识性的又是政治性的：虽然它打破了性别的刻板印象和关于现代性的男权主义解释，但它的最终目标是将学术研究转变为女性主义实践（Faulkner 2001，Wajcman 2004）。FTS遵循将技术视为特殊领域加以研究的方法，但是像女性主义科学元勘一样，FTS仍会在各个层面质疑技术的性别化特征（Cockburn & Ormrod 1993）。

20世纪80年代末期，建构主义进路出现在技术研究领域，将理论和经验研究的关注点从工程师决策转移到复杂的社会协商，以及技术发明和人工制品的稳定化与重新设计过程中涉及的专业知识、利益群体、物质或制度网络的异质性问题上（Bijker et al. 1987）。社会技术系统（sociotechnical systems）概念体现了社会和技术是不可分割的原则，即"无缝之网"（seamless web）（Hughes 1986）。马克思主义学者揭露了政治在技术人工制品设计中的具体表达和编码（Winner 1986，Feenberg 1999）。行动者网络理论认为应该将人工制品视为行动者之一：这些非人行动者可能拒绝加入我们的技术项目，同时，我们可以赋予非人行动者以实践角色甚至是道德角色，将这些加入到它们的设计中（Akrich 1992，Latour 1992）。

建构主义技术研究的核心关注点在于人工制品（大量生产的自行车、电力供应系统）如何成为它们今天的样子（Hughes 1983，Pinch & Bijker 1987）。这种研究进路最初倾向于对技术活动的上游过程进行分析，关注产品概念化的过程及其设计、生产、销售中的资源分布问题。女性主义批评家认为，在现代工业社会，对于技术上游过程的关注可能会忽略女性。然而，人工制品本身，或是它通过说明书、广告、市场或媒体的表达，常常是将包含了"性别脚本"（gender stripts）的"使用者构型"（configurations of the user）融入其中的。例如，剃刀的模型体现了男性对修理的渴望，而女性则是偏爱简洁的。又例如，汽车消费对于男性是力量的象征，对于女性则是可靠的象征（Hubak 1996）。

FTS学者柯旺（R. S. Cowan）最先关注到消费者在决定技术成败中的重要性。她将"消费连接"（consumption junction）定义为"消费者在相互竞争的技术中做出选择的地点和时间"（1987，p. 263）。一旦技术的消费者（或者更可以说是使用者）像生产者一样，在复杂的社会技术和文化系统中被认为是理性行动者，那么解释他们接受或拒绝一项技术的决定将会变得容易，解释他们遵从某项技术的"解释弹性"程度也会变得容易（Parr 1999，Laegran 2003a）。

这种关注点向技术下游（消费者）的转变，反映了将社会和文化分析应用于消费研究的一种更广泛的趋势。在这些研究看来，消费是现代社会中意义生产和权力关系再生产的主要场域。但是，在技术研究领域，消费者的角色相比文化研究中的情形更为复杂、有趣和有力。在技术研究中，消费者作为使用者（或是拒绝者），是与人工制品的物质意义或象征意义紧密互动的，这种互动有时是积极的，有时是消极的（Oudshoorn & Pinch 2003）。

新的技术通常是陌生而具有威胁性的，为了融入我们的生活，它们必须被成功地"驯化"（Sorensen & Berg 1991，Silverstone & Hirsch 1992，Lie & Sorensen 1996）。一方面，我们要学会适应技术，在"实践群体"中习得和交流技术技能，甚至发展其功用和意义，包括性别化的主观性（Wenger 1998，Mellström 2004，Paechter 2006）。同样重要的是，有意识和无意识的应用反馈会传递到技术的上游。所谓的"使用者中心设计"是现在许多工业的日常工作（Oudshoorn et al. 2004），对于工业来说，非使用者的选择和主观性与使用者的同样重要。

麦肯齐（M. Mackenzie）和瓦克曼（J. Wajcman）在论文集《技术的社会形塑》第二版的导论中，要求研究者继续检验"这种形塑发生的具体方式……（因为）如果技术的社会形塑的观点有知识上或是政治上的价值的话，那它一定体现在细节方面"（1999，p. xvi）。但是案例研究如何更好地说明广泛的政治结构呢？FTS不像以英语为母语的人类学家那样痴迷于理论全球化问题，而是强调整合的概念，并以此作为探讨社群、国家、地区或全球网络中同质性/异质性因素的相互渗透及其模式的一种进路。一方面，技术整合（technological integration）取决于技术硬件与专业知识的有效连接；另一方面，技术整合又是一个政治的、社会的和文化的过程（Arnold 2005，Misa & Schot 2005）。虽然"使用者"仍然是FTS的一个核心关注点，但是FTS的一个最新的综合性进路是调停联合（mediation junction）（Oldenziel et al. 2005），它以规则或者政策、国家、市场和公民社会为首要背景，定位于利益相关者的相互作用、联合和争论（Oudshoorn & Pinch 2003，pp. 101-190）。欧登泽尔（Oldenziel）等强调战后消费者组织将美式厨房融入欧洲家庭及其消费模式和社会价值观——也融入社会安全规则、能源供应系统、商标排名的重要性。其他研究对比了美国和英国病人针对癌症检测的运动（Parthasarathy 2003），分析其对全球联合支持或质疑转基因作物的调控政策的影响（Bray 2003）。

目前，FTS的另一个重要关注点是对女性气质和男性气质的探索，以及它们透过技术的操演（performance），以及情绪、娱乐、性欲和色情的实践、技巧和象征问题（Law 1998，Law & Singleton 2000）。巴特勒（J. Butler）的性别操演理论和康奈尔的（R. W. Connell）（1995）"霸权的男性气质"概念及其"体现一种被普遍接受的对于父权制合法性问题的回答——性别实践结构"的分析（p. 77），被FTS学者视为分析工具，运用它们来探究特殊性别身份是如何被归属、实现、操演及其在广泛范围内的权力结构中的地位。

瓦克曼区分了两种不同的男性气质的表现和构成形式，这两种形式都与对技术的掌握相联系。一个是基于牢固的、实践性的技巧（例如，机械化的），另一个则基于知识的敏锐性（例如，软件设计者）（Wajcman 1991）。霍洛维茨（R. Horowitz）的论文集《男孩和他们的玩具》（2001）考察了"工作场所的男性气质""学习成为男人"和"游戏中的男性气质"问题。福克纳（W. Faulkner）和她的同事探究了男性和女性在讨论其技术能力时的不同方式，这些自我表述与实际的实践相反（Faulkner 2000，Kleif & Faulkner 2003）。梅尔斯特姆（Mellström）（2003）研究了马来西亚社会中技术构造的男性气质与现代性的国家意识形态之间的关系，以及对机器的"学习倾向"在父子之间传承和转化的方式（2002），分析了在瑞典和马来西亚，休闲制品（例如摩托车的使用）与男性气质相结合的过程（2004）。虽然在西方社会，男性气质与技术之间的等式是经得起推敲的，但是想象与实践之间仍然存在巨大的不协调，这造成了碎片化甚至相互冲突的男性气质的并存（Faulkner 2000）。同时，非西方社会的研究也对技术与男性气质之间的关联提出了挑战。例如，拉格森（Lagesen）在马来西亚的研究显示，年轻的女性进入软件工程专业的数量与男性的大致持平，而且她们解决问题的另类实践显示了她们的优秀（Lagesen 2005）。

FTS 学者利用术语"共同生产"指代社会性别和技术之间相互的辩证形塑关系。这个概念意在强调社会性别和技术两者的生成性、过程性特征，以避免陷入本质主义的研究陷阱和政治窠臼（Grint & Gill 1995，Berg 1997，Faulkner 2001）。在现代社会中，社会性别被认为是技术的构成部分，决定了某类技能是重要的还是不重要的（Bowker & Star 1999）。一个电熨斗，当女性用它熨衣服时它就不是技术，但当她的丈夫修理它时，它又成了技术。一位检测微波炉的女性工程师的工作在她的男同事眼中就只是烹饪而已（Cockburn & Ormrod 1993）。20 世纪 70 年代，计算机被认为是"信息技术"，属于男性；人们普遍假定女性与这一技术无法相容。到了 20 世纪 90 年代，计算机也变成了"交流技术"；现在人们假定女性同样可以灵活地运用它。"新的技术使工作的边界变得模糊，男性气质和女性气质亦需要重新界定"（Lie 2003a：21，Lohan 2001）。

在实践的方面，FTS 的首要目标是分析技术在努力走向民主化的形式时，是如何体现社会性别不平等的。一些 FTS 学者注意到消费者在推进技术民主化的过程中介入的潜力相对有限，他们建议，FTS 的研究重点不应再局限于关注技术消费、身份和表征问题，而应该回归产品和工作，或是设计过程中的性别因素，以及设计者的性别主观性（Oudshoorn et al. 2004，Wajcman 2004）。萨奇曼（L. A. Suchman）（1999）的一篇重要文章，基于一个大型工业企业中的关于技术设计的人类学调查，利用哈拉维（D. Haraway）的理论观点和劳动理论，提出一种女性主义客观性的新模式，该模式根植于密集型、结构化、动态的劳动关系形式中，这一劳动关系形式动摇了生产者和使用者的边界。文章表明，工程世界存在男性中心主义的意识形态，同时也揭示了流行的关于女性和技术的刻板印象，这为技术民主化做出了贡献。最终，他们可能改变普遍流行的关于技术的意识形态。更恰当地说，假设社会性别系统比物质技术更难改变，他们建议鼓励更多的女性成为工程师，或是重塑国家或企业在职工培训和雇佣方面的政策（Kvande 1999，Gansmo 2003）。

技术人类学和技巧人类学（Anthropology of Technology，Anthropology of Techniques）

在美国文化人类学传统中，技术通常被认为"是文化的与境，而不是其核心部分"（Wilson & Peterson 2002，p. 450）。普法芬伯格（B. Pfaffenberger）（1992）展示了技术被忽视的令人悲伤的历史，这可以追溯到马林诺斯基（B. Malinowski）的表达，即单纯的技术研究是一种合乎科学的令人乏味的研究。克鲁伯（A. Kroeber）和克拉克洪（C. Kluckhorn）认为文化是人工制品背后的观念，从而排斥物质文化（material culture）这一术语。考古学家、文化生态学家[包括格尔茨（C. Geertz）的早期职业生涯（1963）]和发展人类学家都对技术有着持续的研究；女性主义考古学家在反思技术-社会性别之间的关系方面尤其多产（Gero & Conkey 1991，Wright 1996）。但是，对美国的主流文化人类学来说，技术本身并非其研究对象，也没有公认的技术人类学领域的出现（Pfaffenberger 1992，Suchman 2001）。尽管一些著名的研究和原创性的理论宣称，这一反唯物主义者的厌恶在英国社会人类学领域没有那么明显，但是英国人类学对技术的兴趣也仍然没有成为一个理论化的范畴。

1992年，普法芬伯格对人类学家发出了充满激情的号召——重视技术。他认为，人类学有特殊的资格来回答作为人类普遍活动的技术的重要问题。他提议，人类学应借用技术研究领域中的"社会技术系统"（sociotechical systems）这一概念，并以此为模板去比较分析技术在不同社会（前资本主义社会和资本主义社会）产生意义方面的作用。2001 年，普法芬伯格再次哀叹"英裔美国人类学家忽视技术活动并因此付出了巨大代价"（p. 84）。他的文章发表在一部考古学家和人类学家关于技术研究的文集中，这部文集收录了很多富有洞察力和创新性的文章，影响很广泛。然而，从理论和方法论的角度来看，这些考古学家和人类学家所展现的成果——编者尝试将技术的人类学研究提取到一起——读起来更像是一份清单，而不像是完整的研究计划，社会性别也没有被提及（Schiffer 2001b）。

　　萨奇曼和唐尼（GL. Downey）是少数将技术视为技术的美国人类学家。他们与工程师一起工作，关注技术的设计和生产、技术发展的商业背景，以及诸如大桥或是 CAD/CAM 技术这类人工制品中所体现和物化的价值观与世界观（Downey 1992，1998；Suchman 2001）。唐尼和其他人（1995）还在一篇文章中提出了"赛博格人类学"，主张人类学的关注点不仅在于技术的表征和消费，也在于生产技术的技术共同体的文化，以及技术对于认知、交流和身份的特殊物质影响。文章将赛博格人类学视为一种行动导向的研究计划，这与 FTS 是相吻合的，这种研究吸引了普通公众，并且揭示了种族、阶级和社会性别等范畴的物质维度和文化维度。

　　萨奇曼从她的角度来研究工业，这一角度对于人类学家来说并不典型，她区分了当代技术研究的三个方面：①技术生产场域的民族志研究；②技术使用的研究；③基于设计介入的民族志研究。虽然③作为女性主义技术研究的目标，是深深根植于①和②的，但技术的人类学研究通常限制在②方面。将技术视为一种独特的物质活动，而不是隐喻的来源，大多数人类学家关注更为显著的文化产品并不足为奇。阿克塞尔（B. K. Axel）（2006）注意到，人类学家热衷于关注新兴的技术，例如信息和通信技术（Hakken 1993，Escobar 1994，Wilson & Peterson 2002）。他们的文章总是宣称，人类学是一门更适合解释技术突现的学科。但是，这些解释并不是针对技术本身，而是关注一些特殊的技术，他们的研究并没有提供与文化研究的其他分支不同的分析。

通过在《技术与文化》以及其他法国杂志上数十年的激烈争论，法国技术人类学者，也包括考古学家、经济学家、工程师、历史学家和社会学家，发展出关于技术比较研究的独特理论和方法论。关于技术的定义，在习惯上既包括工具的使用，也包括身体的实践（身体技术，techniques du corps）。这可以追溯到莫斯（M. Mauss）和勒儒瓦-高汉（A. Leroi-Gourhan）。莫斯将身体技术视为独特的文化实践。勒儒瓦-高汉在分析技术行动的逻辑时，强调工具和身体骨骼是不可分离的。法国学者的研究进路开始于关注"操作链"（operational sequences）的细节，"操作链包含于人类任何的物质（包括我们自己的身体）转化中"（Lemonnier 1992，p. 25）。通过对于生产和使用的操作链的系统观察，分析从勒莫尼耶（P. Lemonnier）所说的"技术的社会表征"（social representation of technologies）开始：技术的社会表征不仅指示了文化人类学家普遍关注的意义的种类，而且囊括了支配着工具和人工制品的建构与使用的那些观念，即关于物质自然与行动的民族志科学。

技能（机智）通过操作链得到确证，它在物质的、精神的、社会的和文化的资源集合里，是一个核心焦点（d'Onofrio & Joulian 2006）。技术选择或技术风格的分析必须超越但也必须能解释相关的物质支持、物质束缚和技术技能（Lemonnier 1993）。核心的观察和分析方法可在包罗万象的框架内展开，包括行动者网络理论（Latour 1993）、生产模型理论（Guille Escuret 2003）或仪式人类学（Lemonnier 2004）。这个研究进路的考察范围十分广泛，包括高技术（high tech）、低技术（low tech）和非技术（non tech），从城市高速运输系统的设计（Latour 1996）到技术转移的复杂谈判（Akrich 1993），再到印度陶器市场的性别差异（Mahias 1993）或是中国的女性气质（Flitsch 2004）。

与美国技术人类学类似，法国学者将技术视为一种普遍的人类活动，并强调需要建立一个强有力的分析的、经验主义的桥梁来沟通上游和下游、人工制品的生产和使用。它的概念框架和方法可以平等地应用于旧的或新的技术。像马提亚斯（M. C. Mahias）（2002）这类学者，充分运用了这一概念框架来阐明"传统的"与工业的、当地的与"全球的"技术和技术文化的相互渗透。虽然并不像 FTS 那样将社会性别和技术之间的关系作为显著或持久的主题，但是这些方法仍然帮助他们进行了关于性别身份的细致研究。其中一些学者关注个人技术或身体实践（Desrosiers 1997，Darbon et al. 2002，Pardo 2004），另一些学者关注富有技巧性的技能的性别储备（Mahias 2002）。虽然拉图尔（B. Latour）关于阿拉米斯（Aramis）的研究（1996）被批评为性别盲视（Wajcman 2004），但是他的工作仍为男性气质的研究提供了丰富的材料。白馥兰（F. Bray）关于帝制中国的研究（1997），描述了"妇术"的动态历史，以及住宅技术、生产技术和生育技术的相互形塑，这些技术在霸权的和实际的社会性别身份构建中十分关键。英格尔德（T. Ingold）精炼了身体技术的概念，建议将工艺技能和艺术技能放在同一主题下考察，强调它们的个体发生性质。技能并非事后被添加到一个已成型的身体里的，而是和身体一起生长出来的："它们是人类器官，包括神经系统、肌肉、甚至是骨骼的重要组成部分，它们既是生物性的也是文化性的"（p. 360）。受巴特勒（Butler）启发，这一研究进路为近来的 FTS 学者提供了支持（Lie 2003a）。

人类学与技术

包括马林诺斯基在内的经典人类学家，为我们提供了大量的关于技术活动及其意义方面的材料（Malinowski 1935，Pfaffen-berger 2001）。通过考察工作、生产和技能与交易、仪式、亲属关系以及社会分化之间的联系，经典人类学著作尽管不如 FTS 那样直接鲜明，但却也隐含了有关社会技术系统问题的讨论，表明它是物质、社会、象征性实践和关系的"无缝之网"。尽管所运用的术语不同，经典人类学仍然贡献了一些很好的关于技术与社会性别的先驱性研究，例如关于劳动的社会性别分工研究

（Richards 1939，Hugh-jones 1979）。

　　一旦社会性别概念成为一个特别的分析焦点，研究新旧技术实践的女性主义学者将从根本上重新定义人类学的核心概念，包括亲属关系（Strathern 1992）、交换（Weiner 1992）或空间（Moore 1986）。随着性别人类学、现代性人类学和全球化人类学的融合，女性主义学者的注意力转向了技科学（technoscience）在重塑性别制度上的作用。并且，随着广泛的文化转向，即强调消费作为主体和权力的基本场域的重要性，物质文化研究的新领域发展出一种新的、激进的反本质主义视角，并以此视角来考察技术。

技科学人类学（Anthropology of Technoscience）

　　技术及其派生概念如"技术景观"（technoscape）和"技术-自然"（techno-nature）在近来的人类学理论中十分流行，这些理论的关注重点是技科学在现代性或/和全球化中的位置。像 FTS 一样，技科学人类学研究的核心关注点在于现代主体的构成和通过新的全球网络而实现的权力分配。然而，埃斯科瓦尔（A. Escobar）（1994）明确地将技科学人类学的议程从技术社会学中区分出来："人类学家，探讨现代性的本质并以之作为理解技术和实践的背景，这一点极为重要。这类技科学人类学比新技术社会学更接近哲学。"关于技科学的文化主义研究进路，例如"标准视野"，最为感兴趣的便是科学，它是通过技术而得以工具化的权力知识。在特定的文化背景下，技术成为人类学的旨趣这一现象，对于新的文化世界，例如"赛博格文化"和"技术-自然"的研究将会有所帮助。（Escobar 1994，1999）

　　人与自然或人与机器的边界被打破，或者形成新的、令人不安的亲密关系，或者产生新的治理形式。新兴技术如体外受精、跨国器官移植、干细胞研究或数字银行向人类提出了"如何生存"的问题（Collier & Lakoff 2005）。新技术可被概念化为某种修复术，在人与机器之间融入赛博格元素，继而拓展人类的能力，并且强化了存在和关系的模式；新技术形成了空间和时间相互渗透的新形式，并且为连接、联合和控制等远距离行动提供了可能性（Axel 2006，Rafael 2003，Wright 2001）。新技术可作为研究和积累的工具，在特定领域集中资本和生物资本，同时为新生命形式（干细胞）的驯化提供物质的程序和设备（Franklin 2005）。物质和象征资源的不断流动与汇聚，形成了空间和政治上的动态变化，"全球装配"（global assemblages）这一术语便被用来描述这些动态变化（Ong & Collier 2005）。

技科学人类学中大多数的工作明确地讨论了技术与社会性别的关系，并以此来分析生物能源及其新课题："新的男性气质和女性气质或者通过整容和变性手术来实现，或者通过跨阶级、跨国以及跨种族的亲属关系、繁殖生育的重新建构来完成。"（Kaufman & Morgan 2005）相关分析聚焦于以下方面：新科学以及表征的内在潜力与说明要求；作为"伦理先驱"（ethical pioneers）的技术使用者；专家、技师与生物医疗服务的外行使用者（或拒绝者）之间的相互作用；外行对新的学科领域的占用或质疑（Rapp 1988，Greenhalgh 2005）。然而，技术装置本身仍然是一个没有被打开的黑箱。尽管有唐尼的赛博格宣言，人类学领域关于生物权力技术（technologies of biopower）的物质生产或设计、赛博格文化或者技术-自然的研究仍然很少。拉比诺（P. Rabinow）的技术传记考察了技术装置、技术专家、研究议程和科学想象之间的共同生产，具体而微地探讨了技术的内在权力机制，是一部少有的、具有启发性的技术人类学著作（Rabinow 1996，Rabinow & Dan-Cohen 2005）。此外，特拉维克（S. Traweek）关于高能物理实验室的研究，明确地探讨了技术专家、技术生产与实践中的性别政治，是另一项可贵的成果。

物质文化研究（Material Culture Studies）

技科学人类学致力于研究那些具有英雄气质的技术，例如DNA测序或器官移植，这些技术许诺能改变人类的意义。物质文化研究（简称 MCS）近来开始接受挑战，透过日常生活技术例如厨房设备或汽车，去分析技术人工物在生产主体和社会关系中的作用。物质文化研究作为对古典马克思主义的补充，把工作和产品视为身份和意义产生的场域，物质文化研究的文化马克思主义分支优先考察和分析意义与身份的生产问题，该生产通过消费的社会过程而实现（Miller 1995）。物质文化研究的一个理论关注点是：通过例证"全球的"总是作为"地方性的"现象而得以展示，进而批判全球化的物化（reification of globalization）。例如，通信新技术的本质被普遍视为全球性的，但其应用实质上是一种文化现象。因此，这些技术可以作为很好的研究案例。

关于特立尼达岛的互联网（Miller & Slater 2000）和牙买加的手机（Horst & Miller 2005）的物质文化研究，细致深入地阐明了技术的使用与当地社会之间的复杂互动，包括社会性别身份的表达和确证，以及亲密关系和亲缘关系的形成。作者分析了牙买加人和特立尼达岛人跨国通讯的拓展情况，这一令人满意的拓展改变了移民或流散人口的经历。为此，他们能令人信服地提出，加勒比地区的互联网用户并非被动地响应全球化，而是创造了全球化。这些研究坚持强调新技术不是决定而是加速了文化的扩张，这反映了物质文化研究在"物质性"（materiality）问题上的立场。

物质文化研究提出的"物质性"概念，试图超越主客体二分的物质性概念，主客体二分被视为西方思想的持久弱点。这一概念将会为技术、技能和主观性的理论化提供可能性。然而，在批判研究对象的物化时，物质文化研究尤其不将技术作为一个分析范畴。虽然米勒（D. Miller）发展了描述技术使用不断得以拓展的方法，这一拓展与互联网和手机的运作方式相呼应，但他坚持认为他的首要兴趣在于探讨互联网和手机是如何成为文化人工制品的。如同米勒所坚称的，这一主张是正确的，互联网持续变迁，它的特征不断地被它的使用者修正。然而，即使是互联网，它也包含了技术设计、成本计算和监管（本土或跨国）的总体框架，这一框架指导和限制通信的形式及其所体现的社会性

(Wilson & Peterson 2002，Wilk 2005)。米勒关于通信技术的研究在细节的阐述方面十分丰富，尤其描述了通信技术被提出和采纳的政治-经济背景，以及使用者的技术技能和社会技能。但是，一般而言，物质文化研究愿意接受学界对其过度文化主义倾向的批判："尽管亟须打破本质主义的客体观念，客体与形象的空虚仍成为某种人类学的证据，这一人类学认为文化胜于物质，无形胜于有形"(Pinney 2002，p. 259)。

富有成效的交流?

相较于其他社会科学来说，跨学科的女性主义技术研究为建立一个充满活力和连贯的关于技术和社会性别的研究流派付出了更多。FTS大量吸收了人类学领域发展起来的思想和方法：社会行为和文化的完整性；日常生活技能、技巧和政治经济活动的"微宏观"(micromacro)联动；细致的实证观察和广泛的比较分析。那么，我们现在是否可以设想更为明确和持续的关于人类学和FTS的不同分支之间的衔接形式，以在一个迅速变化的世界里加强我们对于社会性别与技术之间关系的理解?

从哲学上看，FTS和技术人类学在分析文化-技术的辩证法(culture-technology dialectics)方面，均表现出了强烈的唯物主义倾向。因此在这两个领域的交流中，很少出现认识论问题上的争论。FTS缺乏对技巧技能的社会性别维度的研究(Faulkner 2001)，由法国学术界发展的关于操作链和诀窍(savori-faire)的研究方法也许会对之有所帮助。考虑到应该全方位地考察不同语境中技术建构的性别主体性，FTS现阶段的另一个明显的缺陷是缺乏对非西方社会的过去和当下的研究。技术人类学将技术视为一种普遍的人类活动，不仅提供了丰富的非西方社会和前现代社会的案例，也为FTS视角下的历史民族志的重新解释提供了分析框架。

在关注日常生活中的物质性方面，技术人类学的法国学派与物质文化研究能达成共识，但是关于技术是否构成分析范畴，两者则产生了根本性的分歧，这构成了两者展开对话的严重障碍。然而，这并非是完全不可克服的。坦特（T. Dant）（2005）强调，物质文化研究应更多地关注技巧性技能和实践；一些物质文化研究的贡献者集中关注作为技术的技术产品（Shove & Southerton 2000）；法国物质文化研究者已经成功地借鉴技术人类学（anthropology of techniques），将对产品和技能的分析整合到消费文化研究中去（Warnier 1999，Faure-Rouesnel 2001）。英国的物质文化研究如果走类似的路径的话，可能不得不放弃一些雄心勃勃的理想主义的物质性主张。然而，如果物质文化研究能描述全球文化与地方文化的共同生产并将之扩展到知识技术领域，那关于技术和社会性别的共同生产，也能因此获得富有价值的新见解。这也将为物质文化研究提供一种简洁的方式，以将全球金融、企业流动和监管力量更充分地融入分析之中。

技科学人类学倾向于关注权力的全球流动，尽管与 FTS 之间存在重大的哲学差异，但是这两个领域之间的近距离对话仍存在可能性。社会技术系统、稳定性和一体化等概念，使得 FTS 可以探讨技术及其性别政治跨越时空的流动，及两者整合为一个整体系统以抵制改变的方式。这些研究进路，和 FTS 关于技术设计和产品的研究进路一起，有利于提升对生物权力和全球化装配的技科学研究。其中，对于技术设计性别化问题的关注，特别有利于提升对生物权力的理解。相反，由于密切关注社会性别与技术的关系本身，FTS 有时忽视了更深层次的意识形态维度，其中任何关于社会性别与技术的真理政权最终都必须得到理解，并且技科学人类学将以之为研究对象，即考察家庭和人类的突现。

引用文献

［1］ AKRICH M. The description of technical objects ［M］//BIJKER W E, LAW J. Shaping Technolog/Building society: studies in sociotechnical change. Cambridge, Massachusetts: The MIT Press, 1992: 205 - 224.

［2］ AKRICH M. A gazogene in Costa Rica: an experiment in techno-sociology ［M］//LEMONNIER P. Technology choice: transformation in material cultures since the Neolithic. London: Taylor & Francis Ltd., 1993: 289 - 337.

［3］　ARNOLD D. Europe, technology, and colonialism in the twentieth century ［J］. History &. Techology, 2005, 21 (1): 85 - 106.

［4］　ARNOLD E, Faulkner W. Smothered by invention: the masculinity of technology ［M］ //FAULKNER W, ARNOLD E. Smothered by Invention: Technology in Women's Lives. London: Pluto Press, 1985: 18 - 50.

［5］　AXEL B K. Anthropology and the new technologies of communication ［J］. Cultural Anthropology, 2006, 21 (3): 354 - 284.

［6］　BERG A J. Digital feminism ［M］. Trondheim: Cent. Technol. Soc, Nor. Univ. Sei. Technol, 1997.

［7］　BIJKER W, HUGHES T P, PINCH T. The social construction of technological systems ［M］. Cambridge, MA: MIT Press, 1987.

［8］　BIJKER W, LAW J, Shaping technology/building society ［M］. Cambridge, MA: MIT Press, 1987.

［9］　BOWKER G C, Star SL. Sorting things out: classification and its consequences ［M］. Cambridge, MA: MIT Press, 1999.

［10］ BRAY F. Technology and gender: fabrics of power in late imperial China ［M］. Berkeley: Univ. Calif. Press, 1997.

［11］ BRAY F. Genetically modified foods: shared risk and global action ［M］ // HARTHORN B H, OAKS L. Revising risk: health inequalities and shifting perceptions of danger and blame. Westport, CT: Praeger: 185 - 207.

［12］ BUCCIARELLI L L. Designing engineers ［M］. Cambridge, MA: MIT Press, 1994.

［13］ BUTLER J. Bodies that matter: on the discursive limits of sex ［M］. New York: Routledge, 1993.

［14］ COCKBURN C. Brothers: male dominance and technological change ［M］. London: Pluto, 1983.

［15］ COCKBURN C. 1985. Machinery of dominance: women, men and technical know-how ［M］. London: Pluto, 1985.

［16］ COCKBURN C, ORMROD S. Gender and technology in the making ［M］. London, Thousand Oaks: Sage, 1993.

［17］ COLLOER S J, LAKOFFf A. On regimes of living ［M］ //ONG A, COLLIER S J. Global assemblages: technology, politics, and ethics as anthropological problems. New York, Oxford: Blackwell, 2005: 22 - 39.

［18］ COLLOER S J, ONG A. Global assemblages: technology, politics, and ethics as anthropological problems ［M］. New York, Oxford: Blackwell, 2005: 3 - 31.

［19］ CONNELL R W. Masculinities ［M］. Berkeley: Univ. Calif. Press, 1995.

［20］ COREA G, KLEIN D, HANMER J, HOLMES H B, HOSKINS B, et

al. Manmade women: how new reproductive technologies affect women. London: Hutchinson, 1985.

[21] COWAN R S. More work for mother: the ironies of household technology from the open hearth to the microwave [M]. New York: Basic Books, 1983.

[22] COWAN R S. The consumption junction: a proposal for research strategies in the sociology of technology [M] // BIJKER W, HUGHES T P, PINCH T. The social construction of technological systems. Cambridge, MA: MIT Press, 1987: 261 - 280.

[23] DANT T. Materiality and sociality [M]. Maidenhead, UK: Open Univ. Press, 2005.

[24] DARBON S. Pour une anthropologie des pratiques sportives [J]. Propriétés formelles et rapport au corps dans le rugby a XV. Tech, et Cuit, 2002 (39): 1 - 27.

[25] DESROSIERS S. Textes techniques, savoir-faire et messages codés dans les textiles des Andes [J]. Tech, et Cuit, 1997 (29): 155 - 173.

[26] D'ONOFRIO S, JOULIAN F. Dire lesavoir-faire: gestes, techniques et objets [J]. Cah. Anthropol. Soc, 2006 (1): 9 - 12.

[27] DOWNEY G L. CAD/CAM saves the nation: toward an anthropology of technology [J]. Knowl. Soc: Anthropol. Sei. Technol, 1992 (9): 143 - 168.

[28] Downey G L. 1998. The machine in Me: An Anthropologist Sits among Computer Engineers [M]. New York: Routledge.

[29] DOWNEY G L, DUMIT J, WILLIAMS S. Cyborg anthropology [J]. Cult. Anthropol, 1995 (10): 264 - 269.

[30] ESCOBAR A. Welcome to Cyberia: notes on the anthropology of cyberculture [J]. Curr. Anthropol, 1994 (35): 211 - 231.

[31] ESCOBAR A. After nature: steps to an antiessentialist political ecology [J]. Curr. Anthropol, 1999 (40): 1 - 30.

[32] FAULKNER W. The power and the pleasure? A research agenda for "making gender stick" to engineers [J]. Set. Technol. Hum, 2000, Val. 25: 87 - 119.

[33] FAULKNER W. The technology question in feminism: a view from feminist technology studies [J]. Women s Stud. Int. Forum, 2001 (24): 79 - 95.

[34] FAURE-ROUESNEL L. French anthropology and material culture [J]. J. Mat. Cult, 2001 (6): 237 - 247.

[35] FEENBERG A. Questioning technology [M]. London: Routledge, 1999.

[36] FLITSCH M. Der Kang. Eine Studie zur materiellen Alltagskultur

bäuerlicher Gehöfte in der Manjurei [M]. Wiesbaden, Germ. : Harrassowitz, 2004.

[37] FRANKLIN S. Stem cells R us: emergent life forms and the global biological [M] // ONG A, COLLOER S J. Global assemblages: technology, politics, and ethics as anthropological problems [M]. New York, Oxford: Blackwell, 2005: 59 - 78.

[38] FREEMAN C. Is local: global as feminine: masculine? Rethinking the gender of globalization. Signs, 2001 (26): 1007 - 1037.

[39] GANSMO H J. Limits of state feminism: chaotic translations of the "girls and computing" problem [M] // Lie M. He, she and IT revisited: new perspectives on gender in the information society. Oslo: Gylendal, 2003b: 135 - 172.

[40] GEERTTZ C. Agricultural involution: the processes of ecological change in Indonesia [M]. Berkeley: Univ. Calif. Press, 1963.

[41] GELL A. The technology of enchantment and the enchantment of technology. [M] //COOTE J, SHELTON A. Anthropology, art and aesthetics. Oxford: Clarendon, 1992: 40 - 63.

[42] GERO J M, CONKEY M W. Engendering archaeology: women and prehistory [M]. Oxford: Blackwell, 1991.

[43] GOODY J. Technology, tradition and the state in Africa [M]. Oxford: Oxford Univ. Press, 1971.

[44] GOODY J. The logic of writing and the organization of society [M]. Cambridge: Cambridge Univ. Press, 1986.

[45] GREENHALGH S. Globalization and population governance in China [M] // ONG A, COLLIER S J. Global assemblages: technology, politics, and ethics as anthropological problems. New York, Oxford: Blackwell, 2005: 354 - 372.

[46] GRINT K, GILL R. The gender-technology relation [M]. London: Taylor & Francis, 1995.

[47] GUILLE-ESCURET G. Retour aux modes de production, sans contrôle philosophique [J]. Tech. et Cult. 2002 (40): 81 - 106.

[48] HAKKEN D. Computing and social change: new technology and workplace transformation, 1980 - 1990 [J]. Annu. Rev. Anthropol. 1993 (22): 107 - 132.

[49] HARAWAY D. Situated knowledges: the science question in feminism and the privilege of partial perspective [M] // HARAWAY D. Simians, Cyborgs, and Women. New York: Routledge, 1991: 183 - 201.

[50] HARDING S. The science question in feminism. [M]. Ithaca: Cornell Univ. Press, 1986.

[51] HOROWITZ R. Boys and their Toys? masculinity, class, and technology in America [M]. New York, London: Routledge, 2001.

[52] HORST H, MILLER D. From kinship to link-up: cell phones and social networking in Jamaica [J]. Curr. Anthropol. 2005 (46): 755 – 788.

[53] HUBAK M. The car as a cultural statement: car advertising as gendered socio-technical scripts [M] // LIE M, SORENSEN K H. Making technology our own? Domesticating technology into everyday life [M]. Oslo: Scand. Univ. Press, 1996: 171 – 200.

[54] HUGHES T P. Networks of power: electrification in western society 1880 – 1930 [M]. Baltimore: Johns Hopkins Univ. Press, 1983.

[55] HUGHES T P. The seamless web: technology, science, etcetera, etcetera [J]. Soc. Stud. Sci. 1986 (16): 281 – 292.

[56] HUGH-JONES C. From the milk river: spatial and temporal processes in northwest Amazonia [M]. Cambridge: Cambridge Univ. Press, 1979.

[57] INGOLD T. Of string bags and birds' nests: skill and the construction of artefacts [M] // The perception of the environment: essays in livelihood, dwelling and skill. London, New York: Routledge, 2000: 349 – 361.

[58] KAUFMAN S R, MORGAN L M. The anthropology of the beginnings and ends of life [J]. Annu. Rev. Anthropol. 2005 (34): 317 – 341.

[59] KLEIF T, FAULKNER W. "I'm no athlete but I can make this thing dance" —men's pleasures in technology [J]. Sci. Technol. Hum, 2003 (28): 296 – 325.

[60] KLINE R. Resisting consumer technology in rural America: the telephone and electrification [M] // OUDSHOORN N, PINCH T. How users matter: the co-construction of usersand technology. Cambridge, MA: MIT Press, 2003: 51 – 66.

[61] KRAMERAE C. Technology and women's voices: keeping in touch. London: Routledge & Kegan Paul, 1988.

[62] KROEBER A, KLUCKHOHN C. Culture: a critical review of concepts and definitions [M]. Cambridge, MA: Harvard Univ. Press, 1952.

[63] KVANDE E. "In the belly of the beast": constructing femininities in engineering organizations [J]. Eur. J. Women's Stud. 1999 (6): 305 – 328.

[64] LAEGRAN A S (2003a). Escape vehicles? The Internet and the automobile in a local-global inter section. OUDSHOORN N, PINCH T. How users matter: the co-construction of usersand technology. Cambridge, MA: MIT Press, 2003: 81 – 100.

[65] LAEGRAN A S (2003b). Just another boys' room? Internet cafes as gendered technosocial spaces [M] //Lie M. He, she and IT revisited: new perspectives on gender in the information society. Oslo: Gylendal,

2003b: 198 - 227.

[66] LAEGRAN V A. A cyber-feminist utopia? Perceptions of gender and computer science among Malaysian women computer science students [D] // Extreme make-over: the making of gender and computer science. Cent. Technol. Soc, Nor. Univ. Sci. Technol, 2005: 155 - 194.

[67] LATOUR B. Where are the missing masses? The sociology of a few mundane artifacts [M] //BIJKER W E, LAW J. Shaping Technolog/ Building society: studies in sociotechnical change. Cambridge, MA: The MIT Press, 1992: 225 - 257.

[68] LATOUR B. Ethnography of a "high-tech" case [M] // LEMONNIER P. Technological choices: transformations in material cultures since the neolithic. London, New York: Routledge, 1993: 372 - 398.

[69] LATOUR B. Aramis, or the Love of Technology [M]. Cambridge, MA: Harvard Univ. Press, 1996.

[70] LAW J. Machinic pleasures and interpellations [M] // BRENNA B, LAW J, MOSER I. Machines, agency and desire. Oslo: Cent. Technol. Cult. , Univ. Oslo, 1998: 23 - 49.

[71] LAW J, SINGLETON V. Performing technology's stories: on social constructivism, performance, and performativity [J]. Technol. Cult, 2000 (41): 765 - 775.

[72] LEMONNIER P. Elements for an anthropology of technology [M]. Ann Arbor: Mus. Anthropol. , Univ. Mich, 1992.

[73] LEMONNIER P. Technological choices: transformations in material cultures since the neolithic [M]. London, New York: Routledge, 1993.

[74] LEMONNIER P. Mythiques chaînes opératoires [J]. Tech. et Cult, 2004 (43 - 44): 25 - 43.

[75] LERMAN N E, MOHUN A P, OLDENZIEL R. The shoulders we stand on and the view from here: historiography and directions for research [J]. Technol. Cult, 1997 (38): 9 - 30.

[76] LERMAN N E, OLDENZIEL R, MOHUN A P. Gender and technology: a reader [M]. Baltimore: Johns Hopkins Univ. Press, 2003.

[77] LIE M (2003a). Gender and ICT-new connections [M] // LIE M. He, she and IT revisited: new perspectives on gender in the information society. Oslo: Gylendal, 2003: 9 - 33.

[78] LIE M (2003b). He, she and IT revisited: new perspectives on gender in the information society. Oslo: Gylendal, 2003.

[79] LIE M, SORENSEN K H. Making technology our own? Domesticating technology into everyday life [M]. Oslo: Scand. Univ. Press, 1996.

[80] LOHAN M. Constructive tensions in feminist technology studies [J].

Soc. Stud. Sci. , 2000 (30): 895 - 916.

[81] LOHAN M. Men, masculinities and "mundane" technologies: the domestic telephone [M] // GREEN E, ADAM A. Virtual gender: technology, consumption and identity. London, New York: Routledge, 2001: 189 - 205.

[82] LOHAN M, FAULKNER W. Masculinities and technologies: some introductory remarks [J]. Men Mascul, 2004 (6): 319 - 329.

[83] MACKENZIE D, WAJCMAN J. The social shaping of technology [M]. Maidenhead: Open Univ. Press, 1999.

[84] MACKENZIE M. Androgynous objects: string bags and gender in central new guinea. Chur: Harwood Academic Publishers, 1991.

[85] MAHIAS M C. Pottery techniques in India: technical variants and social choice [M] // LEMONNIER P. Technology choice: transformation in material cultures since the Neolithic. London: Taylor & Francis Ltd. , 1993: 157 - 180.

[86] MAHIAS M C. Le Barattage du Monde. Essais d'Anthropologie des Techniques en Inde [M]. Paris: Eds. MSH, 2002.

[87] MALINOWSKI B. Coral gardens and their magic: a study of tilling the soil and of agricultural rites in the Trobrian Islands [M]. London: Routledge & Kegan Paul, 1935.

[88] MCGAW J A. Reconceiving technology: why feminine technologies matter [M] //. WRIGHT R P. Gender and archaeology [M]. Philadelphia: Univ. Penn. Press, 1996: 52 - 79.

[89] MELLSTRÖM U. Patriarchal machines and masculine embodiment [J]. Sci. Technol. Hum. , 2002 (27): 460 - 478.

[90] MELLSTRÖM U. Masculinity, power and technology: a Malaysian ethnography [M]. Aldershot: Ashgate, 2003.

[91] MELLSTRÖM U. Machines and masculine subjectivity: technology as an integral part of men's life experience [J]. Men Mascul. , 2004 (6): 362 - 382.

[92] MILLER D. Acknowledging consumption: a review of new studies [M]. London: Routledge, 1995.

[93] MILLER D, SLATER D. The internet: an ethnographic approach [M]. Oxford: Berg. , 2000.

[94] MILLER L. Those naughty teenage girls: Japanese kogals, slang, and media assessments [J]. J. Ling. Anthropol. 2004 (14): 225 - 247.

[95] MILLS M B. Gender and inequality in the global labor force [J]. Annu. Rev. Anthropol. 2003 (32): 41 - 62.

[96] MISA T J, SCHOT J. Inventing Europe: technology and the hidden integration of Europe [J]. Hist. Technol. , 2005 (21): 1 - 19.

[97] MOORE H. Space, text and gender: an anthropological study of the Marakwet of Kenya [M]. Cambridge: Cambridge Univ. Press, 1986.

[98] OAKLEY A. The sociology of housework [M]. London: Martin Robertson, 1974.

[99] OLDENZIEL R, DE LA BROHEZE A A, DE WIT O. Europe's mediation junction: technology and consumer society in the twentieth century [J]. Hist. Technol., 2005 (21): 107 - 139.

[100] ONG A, COLLIER S J. Global assemblages: technology, politics, and ethics as anthropological problems. New York, Oxford: Blackwell, 2005.

[101] ORTIZ S. Laboring in the factories and in the fields [J]. Annu. Rev. Anthropol., 2002 (31): 395 - 417.

[102] OUDSHOORN N, PINCH T. How users matter: the co-construction of usersand technology. Cambridge, MA: MIT Press, 2003.

[103] OUDSHOORN N, ROMMES E, STIENSTRA M. Configuring the user as everybody: gender and design cultures in information and communication technologies [J]. Sci. Technol. Hum., 2004 (29): 30 -63.

[104] PAECHTER C. Power, knowledge, and embodiment in communities of sex/gender practice [J]. Women's Stud. Int. Forum 2006 (29): 13 - 26.

[105] PARDO V. Le récit des deux tisseuses [J]. Tech, et Cuit., 2004 (43 -44): 277 - 287.

[106] PARR J. What makes a washday less blue? Gender, nation and technology choice in postwar Canada [J]. Technol. Cult., 1999 (38): 153 - 186.

[107] PARTHASARATHY J. Knowledge is power: genetic testing for breast cancer and patient activism in the United States and Britain [M] // OUDSHOORN N, PINCH T. How users matter: the co-construction of usersand technology. Cambridge, MA: MIT Press, 2003: 133 - 150.

[108] PFAFFENBERGER B. Social anthropology of technology [J]. Annu. Rev. Anthropol., 1992 (21): 491 - 516.

[109] PFAFFENBERGER B. Symbols do not creat meanings-activities do: or, why symbolic anthropology needs the anthropology of technology [M] // SCHIFFER M B. Anthropological Perspectives on Technology. Albuquerque: Univ. N. M. Press, 2001a: 77 - 86.

[110] PINCH T, BIJKER W. The social construction of facts and artifacts [M] //BIJKER W, HUGHES T P, PINCH T. The social construction of technological systems. Cambridge, MA: MIT Press, 1987: 17 - 51.

[111] PINNEY C. Visual culture [M] // BUCHLI V. The Material Culture Reader. Oxford: Berg, 2002: 81 - 104.

[112] RABINOW P. Making PCR: a story of biotechnology [M]. Chicago: Univ. Chicago Press, 1996.

[113] RABINOW P, DAN-COHEN T. A machine to make a future: biotech chronicles [M]. Princeton: Princeton Univ. Press, 2005.

[114] RAFAEL V. The cell phone and the crowd: messianic politics in the contemporary Philippines [J]. Public Cult. , 2003 (15): 399 - 425.

[115] RAPP R. Refusing prenatal diagnosis: the meanings of bioscience in a multicultural world [J]. Sci. Technol. Hum. , 1998 (23): 45 - 70.

[116] RICHARDS A I. Land, Labor and Diet in Northern Rhodesia [M]. Oxford: Oxford Univ. Press, 1939.

[117] SCHIFFER M B (2001a). Anthropological Perspectives on Technology [M]. Albuquerque: Univ. N. M. Press, 2001.

[118] SCHIFFER M B (2001b). Toward an anthropology of technology [M] // SCHIFFER M B (2001a). Anthropological Perspectives on Technology. Albuquerque: Univ. N. M. Press, 2001a: 1 - 15.

[119] SHOVE E, SOUTHERTON D. Defrosting the freezer: from novelty to convenience, a narrative of normalization [J]. J. Mat. Cult. , 2000, 5: 301 - 319.

[120] SILLITOE P. 1988. Made in Niugini: technology in the highlands of Papua New Guinea [M]. London: Br. Mus. , 1988.

[121] SILVERSTONE R, HIRSCH E. Consuming technologies: media and information in domestic spaces [M]. London: Routledge, 1992.

[122] SORENSEN K H, BERG A J. Technology and everyday life: trajectories and transformations [M]. Oslo: Nor. Res. Counc. Sei. Humanit. , 1991.

[123] STANLEY A. Mothers and daughters of invention: notes for a revised history of technology [M]. New Brunswick: Rutgers Univ. Press, 1993.

[124] STAUDENMAIER J S. Technology's storytellers: reweaving the human fabric [M]. Cambridge, MA: MIT Press, 1985.

[125] STRATHERN M. Reproducing the future: anthropology, kinship and the new reproductive technologies [M]. London: Routledge, 1992.

[126] SUCHMAN L A. Working relations of technology production and use [M] // MACKENZIE D, WAJCMAN J. The social shaping of technology [M]. Maidenhead: Open Univ. Press, 1999: 258 - 265.

[127] SUCHMAN L A. Building bridges: practice-based ethnographies of contemporary technology [M] //SCHIFFER M B. Anthropological Perspectives on Technology. Albuquerque: Univ. N. M. Press, 2001a: 163 - 178.

[128] TRAWEEK S. Inventing machines that discover nature [M] //Beam times, life times: the world of high energy Physics. Cambridge, MA:

Harvard Univ. Press, 1988: 46 - 73.

[129] VAN OOST E. Materialized gender: configuring the user during the design, the testing, and the selling of technologies [M] // OUDSHOORN N, PINCH T. How users matter: the co-construction of usersand technology. Cambridge, MA: MIT Press, 2003: 193 - 208.

[130] WAJCMAN J. Feminism confronts technology [M]. Cambridge: Polity, 1991.

[131] WAJCMAN J. Reflections on gender and technology studies: in what state is the art? [J]. Soc. Stud. Sci. , 2002, 30 (3): 447 - 464.

[132] WAJCMAN J. Technofeminism [M]. CambridgeK: Polity, 2004.

[133] WARNIER J P. Construire la culture matérielle-l'homme qui pensait avec ses doigts [M]. Paris: PUF, 1999.

[134] WEINER A N. Inalienable possessions: the paradox of keeping-while-giving [M]. Berkeley: Univ. Calif. Press, 1992.

[135] WENGER E. Communities of practice: learning, meaning and identity [M]. Cambridge: Cambridge Univ. Press, 1998.

[136] WILK R. Comment on Horst & Miller [J]. Curr. Anthropol. , 2005 (46): 772.

[137] WILSON S M, PETERSON L C. The anthropology of online communities [J]. Annu. Rev. Anthropol. , 2002 (31): 449 - 467.

[138] WINNER L. Do artifacts have politics? [M] // WINNER L. The Whale and the reactor: a search for limits in an age of high technology. Chicago: Univ. Chicago Press, 1986: 19 - 39.

[139] WRIGHT M W. Desire and the prosthetics of supervision: a case of maquiladora flexibility [J]. Cult. Anthropol. , 2001 (16): 354 - 373.

[140] WRIGHT R P. Gender and archaeology [M]. Philadelphia: Univ. Penn. Press, 1996.

[141] WYATT S. Non-users also matter: the construction of users and nonusers of the Internet [M] // OUDSHOORN N, PINCH T. How users matter: the co-construction of usersand technology. Cambridge, MA: MIT Press, 2003: 67 - 80.

本文原载于《人类学年刊》(*Annual Review of Anthropology*) 2007 年第 36 卷, 第 37—53 页。

北京科技大学科学技术与文明研究中心 陈瑶、姚瑶译, 章梅芳校。

身体史、医疗建构与近代台湾

傅大为（阳明大学科技与社会所）

我今天跟大家讲的，大概分为两个部分，一个部分跟大家介绍身体史，你可以说这是一个学科，或者是一个现在西方或中国台湾地区许多研究所课程里常常会开的一门课：身体史。我自己过去也有机会开一些身体史方面的课。"身体史"这一概念，它是怎样在近代西方成为历史的一个主题？其实时间相当短，大概只有二十年的样子。但是，这些年来如果我们去找一下关于西方身体史方面的研究，会发现研究成果非常多。所以一开始我想来谈一下这个问题意识，根据我的了解它是怎样兴起的。然后再针对我自己的研究中比较有兴趣的来介绍一下。我自己的研究，最近十几年来，比较集中的是性别、医疗还有近代台湾这几个领域，所以我也会跟大家介绍几点。因为身体史的研究非常多，所以等一下我所提几个其他人的研究，都是跟我自己研究特别相关的。第一部分我主要介绍西方身体史的一些我所了解的问题意识和一些我觉得值得学习的研究。第二个部分我会多讲一点我自己对于近代台湾的研究，会涉及身体史和台湾文学研究相关的一些题材，特别是我的《亚细亚的新身体》一书里涉及的一些内容。

一、身体史的概念

那么首先要谈的，就是近代西方关于历史研究里面，身体历史这样的一个想法大致上是从怎样的脉络里逐渐出现的。大家知道，我们如果讲近代西方就是"Modern"，我们通常讲近代欧洲（Modern Europe）。工业革命、近代科学、资本主义的发展之类的这些东西都是近代欧洲发展出来的，然后通过殖民主义才逐渐地扩张到全世界。比如说我过去读哲学，通常称为近代哲学之父的人，是17世纪的一个科学家也是哲学家叫笛卡尔，那笛卡尔有一句非常有名的话大家总听过吧？你什么样的情况之下就存在了？我思故我在。重要的是你的思想，你要有意识，你有意识的话你就存在，你有一个"body"没有用，问题是你要有意识。启蒙时代比如说西方的18世纪，我们常强调思想。什么是一个人的启蒙？启蒙时代也常强调一点就是说我们要脱离过去的愚昧，不再受教条的影响，不要盲目地相信权威，然后才能够自主成熟地来自己透过理性去思考。"Rational"，要能理性地来思考问题，这才叫作启蒙。大致上从启蒙哲学家到康德，大家多多少少都接受这样的看法。再比如说，近代科学。我们知道近代的科学发展，从伽利略到开普勒、牛顿，到后来的达尔文，大家可以看到就是一种新的知识脱离过去愚昧的状态，不再只是相信神权或相信什么王权，而是相信自己的理性，相信自己对世界的观察。所以大家可以思考一下所谓的近代世界的形成，或者所谓的近代人（modern people），通常强调的是什么？强调的是我们思想的部分。一直到晚近，很少有人在谈近代哲学的时候会特别去强调身体。笛卡尔就强调，身体其实并不是那么重要。我有两只手跟两只脚，即使脚或手有一天断掉了，我还是有我的思想。人其实是一部机器，（思想是）在机器里面的一个鬼魂。过去所强调的近代世界通常是强调意识、强调精神、强调思想、强调启蒙，而对身体的认知、了解并不是那么重视。当然近代医学非常强调身体，可是它强调身体，是把身体当作一部机器，考虑如果这个机器出问题的话，应该怎么去医疗之类的问题。

这个过程大概是要在欧洲 20 世纪 60 年代或 70 年代之后。我这边特别举个例子就是福柯（Michel Foucault），他写了《性史》，大家有机会可以接触一下那本著作的第一册。在第一册里面，他检讨的不是整个西方的近代思想，而是我们对西方的性"sex"，或者是"sexuality"的这种论述，以及近代以来很多心理学家常常强调一个人最大的本质，一个人的秘密是在于他的"sex"，在于他的性，在于这些东西。所以从欧洲 19 世纪以来，除了我过去所讲的心灵、意识或者是一些知识之外，有一个新的重点就是谈性，这个许多人一直强调的东西。福柯开头就说，一直到 19 世纪大家都非常强调性。当然马上有人反驳说，维多利亚时代不是不准谈性吗？你怎么可以说 19 世纪以后大家都非常强调性？可是大家不准谈性只是一个表面上的现象。表面上的现象就是要有礼貌，讲话中有些字不能用，对于女性有很多事情不能做，女性对于性不感兴趣，等等。但很多知识分子、医生、心理学家、教育学家，在 19 世纪，如果我们去看这些专家的论述，其实有非常多的篇幅是在讨论关于性的内容。甚至可以说，关于性的这种知识的论述，在 19 世纪有一个爆炸性的发展。

但是，福柯反对性是人的本质的这个看法，反对说性有这么重要，反对说透过性的本质可让我们知道社会的秘密或者是个人的秘密。他强调，其实真正重要的是身体（body）。他花了很大的精力来看过去的相关知识论述，这些近代欧洲发展出来的一套各式各样的权力机制，我们今天讲"power of knowledge"，关于权力的机制这些东西，其实 19 世纪大部分是针对身体上的。所以如果我们要了解近代世界，近代世界不是我们过去所讲的只是自由、科学和民主而已，或是只有"德先生"和"赛先生"。近代世界还有另外一套，就是透过各式各样的机制对人的身体加以管控，对人的身体加以约制和监控这样的一整套的机制。福柯对于近代世界的研究，其中一个非常重要的贡献就是他发现了近代世界里各式各样的知识对于身体的管控。近代世界不是像过去比较天真而乐观的自由主义者所说的，是一个自由的，人人可以多元地讲话，不受约束的世界。过去你要是批评一下国王，国王可能会把你抓起来，现在谁怕谁啊？现在大概讲什么话都可以，但是，这只是讲话而已。在近代世界，除了讲话之外，你受的约束与监控其实非常非常多，包括我们要训练自己的身体，我们的身体要符合非常非常多的约束。这是福柯后来讲的近代世界发展过程里的一种新的权力技术，而这技术主要针对的就是身体。所以我们作为一个现代人，思考这些问题的时候要注意近代世界对我们身体的约束。我们从小如何从自己，从自己家里、双亲、学校老师到社会对我们身体的管控、要求和训练，要了解这些东西是怎么来的，了解它在今天怎么隐藏在社会的表面之后进行管控。唯有了解这些之后，我们才逐渐有可能跟它对抗，才逐渐有可能脱离它，或者起码产生一种抗衡、一种抗拒的状态。而不是完全没有意识到它的存在，而且乐于接受它，做一个快乐的自由主义者而已。

在这个意义上，福柯强调身体的重要，强调过去的近代技术的权力（power）透过各式各样的技术在管控你的身体。所以他举了许多例子，比如说在性的方面，他提到我们常常听到的，比如说我们的性取向。我们今天讲性偏好，对于各式各样性的偏好我们今天会认为是有趣而多元的。但在 19 世纪，除了异性恋这种标准的性偏好之外，其他的性偏好通通都被认为是异常的，是需要矫正的，需要治疗的。比如一位女性精神不好或是精神太过亢奋，反抗这个反抗那个，19 世纪便发展出一种病症叫"歇斯底里"，来对她进行管控，由很多精神科的医生来处理女性的这些方面的问题。对于国家的整体来讲，19 世纪开始非常注重整个国家的人口。人口的素质，婚姻的状态，离婚的状态，什么时候开始生小孩，一个女人最好可以生几个小孩，实际生了几个小孩，小孩受教育的情况怎样，能够对国家的生产做出什么样的贡献，人口会不会太多，等等。人口太多的话鼓励大家少生，人口太少的话鼓励大家多生，通过对于人口非常精细的分析，然后通过各式各样的规则或者法律、法条的限制或鼓励，来调整、调控一个社会的人口。这些是 19 世纪发展出来的许多对于身体的管控、管理方式，所以福柯说，这是我们需要注意的。这是近代世界一种新的权力机制，而且是非常重要的机制。

不像思想，思想这些东西其实从古代、古希腊以来都存在过，教条在每个时代都告诉你什么叫成熟，什么是不成熟。但是对于身体如此精细的管控，的确是近代的权力。所以我们该注意到的是身体。从这个意义上我们可以这么讲，身体原来是这么重要，是各式各样的"power"彼此互相对抗的真正重要的场所，而不是意识形态。有时候，我们感觉在一个民主社会里，"call in"节目里两派辩论来辩论去，好像在意识形态上可以讲得非常多，其实，两派虽然在表面上看起来非常不一样，然而在身体的被管控和身体的受约束方面其实是非常类似的。福柯认为这是近代世界一个非常根本的东西。比起前近代，如欧洲的 17 世纪，文艺复兴时期或者其他社会的一些更早期的时代，是一个非常大的不同，福柯特别强调这一点。有趣的是，后来女性主义研究、性别研究也开始非常强调身体。比如说，女性主义研究里女性的"body"被认为是非常重要的，而父权的权力、"power"事实上有一部分是通过医学、法律，通过一些其他的机制如婚姻等，对于身体的管控。

近十到二十年来，已经有新的观念开始出现。在近代世界里，身体的管控与身体的规训其实是非常重要的，过去却多多少少受到忽略。我们平常会说，思想是有历史的，对不对？从古希腊思想、中世纪思想、文艺复兴思想到近代思想，或者说从中国哪个朝代到哪个朝代的思想，很容易看到非常大的不同，所以可以追溯出它的历史。思想是非常能够加以形塑的，它可以在各式各样的压力之下变化，像是一堆泥土一样可塑造。但是身体怎么塑造？身体的话，从古至今顶多是营养好一点的长高一点，营养不好的长矮一点，或者是胖一点，瘦一点，但是身体基本上应该是一样的。身体哪有历史？所以身体史一开始提出来的时候，很多人都觉得这根本就是空无。有人说，疯狂哪里有历史？疯了就疯了嘛，疯狂怎么会有历史？疯人都一样，我们会习惯性地这么想，所以会觉得这个东西没有意思，所以不会从历史的角度去检查它的一些细节的变化，或者去检查我们对于身体认知和身体了解的巨大转变。因为我们认为这个东西事实上都一样，都是生物性的身体，所以在这个意义上怎么会有变化呢？这也可以用来解释，为什么过去谈到思想史或者文学史、艺术史，会觉得那当然是有历史，而身体却不会有历史。脚就是脚，胖就是胖，瘦就是瘦。我下面就简单地提几个例子来向大家说明。

在近代世界里，我们透过我们的身体、五官，我们所闻得到的味道，我们所看得到的、所听得到的东西，其实与过去的世界相比有相当大的转变。男人跟女人的身体究竟有什么不一样？我们今天的看法跟过去的看法其实是非常不一样的。所以，女人的身体究竟是什么？男人到底是怎么去了解女人身体的？这在历史上其实有非常大的转变。今天我们谈一个社会的文化，一个社会的历史，如果我们把身体史这个部分的东西考虑进来的话，就会遭遇许多说不通的或者是讲起来很奇怪的现象。我现在就举一些研究的结果来向大家说明。比如说，在后面推荐阅读书目里提到，托马斯·拉克尔（Thomas Laqueur）写的一本书叫《身体与性属》（*Making Sex*），这不是意味着做爱，而是"造性"。性这个东西就涉及一个问题，就是男性跟女性的身体到底有什么不一样？他从古希腊以来一直到 19 世纪末弗洛伊德那个时代，仔细地看当时的医生还有解剖学怎么来谈人身体的结构。我不是讲文学、艺术或音乐，而是讲医生和解剖学。我们会觉得，在观看人的身体的时候，男性跟女性差别的时候，应该是最容易清楚地看出差别。因为我们就一个身体，从古至今都是这个样子。

但事实却不然。这个研究发现，从古希腊一直到 18 世纪，欧洲的医生、解剖学者，甚至那些受解剖学影响的艺术家、画家或雕刻家，基本上都认为男性的身体跟女性的身体差不多，世界上并没有两性，只有一性。我们今天讲两性、三性、四性，大家可能没有想到 18 世纪只有一性。那一性是什么意思？就是男人跟女人几乎都是一样的，身体的结构，包括性，包括生育的结构基本上是一样的，只是男人是百分之百的完美，女人是百分之九十五，还有百分之五不太完美。非常粗略来讲，就是男人身体较热，女人身体较冷，所以男人在生殖系统上面是凸出来的，而女人相对是缩进去的。男人的精液跟女人的经血，其实是非常类似的，只是冷热造成不同，但是基本上身体的结构是一样的。同时男人跟女人的性格受到身体的影响，这些性格、性情其实都差不多，只是男人做得比较好一点，女人做得比较差一点而已，这是从亚里士多德以来一直到 18 世纪的标准说法。他引用了非常多文艺复兴时期，解剖人的身体特别是解剖生殖器官的那些解剖图，大家会发现这些解剖图都非常像。你去看那个号称观察非常精细的达·芬奇。达·芬奇画了非常多的男性和女性的生理解剖图，那些解剖图男女都非常像。当然他画同性恋者的时候画得比较不一样。在文艺复兴时代，同性恋只是在道德上小有可议，而古希腊本来就有很多男人又喜欢男人又喜欢女人，所以这不是问题。

拉克尔发现 18 世纪中期到 19 世纪的时候，开始有了一个很大的转变，大致上是从法国大革命那个时期开始。本来认为男人跟女人是非常像的，这时开始转变为认为男人跟女人是非常不像的。从那时候开始，在 18 世纪中期以后的解剖图到 19 世纪的解剖图中，男性的器官跟女性的器官突然变得非常不一样，完全不像文艺复兴时候画的那些图。所以大家可以理解吗？这不是我们在想象，而是我们直接看到解剖结构以后画出来的东西，可是画出来的东西是如此的不一样。到 19 世纪，比如说到维多利亚时代，男性跟女性被认为是非常不一样的两种人。男性非常积极进取，女性含蓄害羞，男性有热情喜欢性，女性含蓄有美德但对性爱非常保守。在维多利亚时代男性跟女性被认为非常不一样，那这个差异一直要到大约 20 世纪中期以后才开始逐渐消失，因为女权运动的发展、女性主义的批判等。19 世纪的时候不只描述男性女性的方式不同，描述同性恋的方式也有所不同。同性恋者被认为跟异性恋者是完全不同的人，是另外一种物种，甚至需要被医生仔细地观察，被放到疗养院里去仔细记录——同性恋喜欢吃什么？同性恋眼神到底怎么样？同性恋喜欢穿什么样的衣服？同性恋的什么什么……不只同性恋，19 世纪的医生还对其他行为做出许许多多的研究。所以大家可以了解，比如说对于性的差别，我们过去一直认为，在这个世界上我们会有"gender"的差别。我们今天讲"gender difference"，我们说是"性别"，指的是在不同的文化里面男性的角色是什么，女性的角色是什么，不同的社会文化大概会有很大的差别。可是对于"sex difference"，身体结构的差别，我们会认为其实没有什么差别。但我想跟大家讲，从身体史研究来看，其实有非常大的差别。我们一生都是跟身体在一起的，你对你身体的了解，在历史上其实有很大的转变，更不用说是社会的性别角色等了。

另外，我再举个例子。杜登（Barbara Duden）是德国一位很好的医学史与身体史学者。我这边列出一本她的书《在皮肤下的女人》(*The Woman Beneath the Skin*)。她在写博士论文的时候有机会接触到 18 世纪德国一个小城镇里的一位医生的资料。这个医生在当时可能是偏妇产科的医生，所以他当时写了那个城镇里大概几百名妇女的妇科病方面的问题，有很多医案的资料，差不多有几百个。结果她非常惊讶地发现，那个时候的医生和德国小镇的人对于女性身体的了解，与 20 世纪以来我们对近代身体的了解非常不一样。其中所描述的身体感受，在近代身体里要不已经消失了，就是已经不晓得那是什么东西了；要不就是虽然还能感受到，但是已经变得非常不重要了。她举了一个例子，就是今天的医学仪器超声波。我们常常会说，一个女性她是不是怀孕了？她的胚胎多大了？或者是以后胚胎越长越大，是男孩是女孩？我们现在常常是用超声波在看，那用超声波在看的时候爸爸都在看，妈妈也在看，全家人都在看，朋友也在看，照片印出来大家都看。也就是说，子宫里面的胚胎现在变成一个公众的视觉印象，大家可以来评论来讨论的，而且大家都可以用眼睛来看。万一妈妈没有看到的话，会非常严重，因为自己小孩已经这么大了，你竟然没看到。但在 18 世纪或 19 世纪的时候，没有人能够看到子宫里的胚胎到底是什么样子的，没有人能看到他到底长到多大。但是有一个人从头到尾一直能感觉到，特别是中间有一个阶段叫胎动，婴儿开始活动，开始踢了，等等。她没有看到，但这是一种身体的感觉。我想大家都知道，这个人就是母亲或者说怀孕的妇女。所以在过去，在欧洲的18世纪，假如一个女人说我有小孩了，我现在感觉到他/她在踢了，没有人会说你证明给我看，或者是我来看一下超声波。因为的确只有她感觉得到，其他人都感觉不到，所以，她能够做这样的一个社会性宣称，并且因为这个宣称，使得她有个新的身份。

因为有胎动，胎动就表示这个小孩开始真正成为一个生命，这与后来妇产科医生认为精子跟卵子结合就会成为一个生命的说法很不一样。几乎所有前近代社会都认为有胎动才是一个生命，那之前仅是一块肉。在这样的情况之下，大家可以看到这种身体的经验有个非常大的转变。过去的女性有一种私人的、非常亲密的身体经验，虽然这是一种私密的身体经验，但是如果她能够宣称的话，它就具有了社会性，这个社会性就是大家会接受她将成为一个母亲，所有从孕妇到母亲所应该享有的权利，应该受到的对待等，会很快地自动放到她的身上。即使大家看不到子宫里面到底发生了什么样的情况。可是到近代，到二次大战以后，大家开始看得到，而且变成公众的影像，公众的印象，大家可以评头论足，而母亲失掉了一个过去所拥有的，一个宣称的特权。这个图像后来变成由医生来评论，这个胚胎正常不正常，可能有一些问题或者是没有问题。所以大家可以想一想，这些孕妇们的感觉变得非常私人而且一点都不重要了。比较重要的反而是通过一种科技，一种视觉的印象来看，比如说超声波里面的形象到底是什么。从18世纪德国小镇的许多其他东西，我们可以看到身体的感受，我们自己对身体的感受事实上至今已产生了非常大的差异。你感受到什么，没有感受到什么，大家对你的感受是重要还是不重要，你这个感受的意义是什么，它的社会意义是什么，都产生了一些非常大的扭转。从身体史的研究可以逐渐发现这样的一个转变过程。

近代医疗所用的器材越多，我们对自己身体的感受就变得越不重要。精神医学的发展也有一个这样的现象。过去有一段时间，精神病患所讲的话，他自己对自己的认定其实还蛮重要的。

到 19 世纪后期，大家开始不再听精神病患所讲的话，不再重视他们的话，因为我们开始有很多的科学仪器可以来替代，了解精神病患他的身体状况是什么。在过去的时代，病人常常会讲他身体所感觉到的病痛，哪里感觉到了不舒服，哪里感觉了什么。过去的时代，医生非常重视这些病人对自己身体病痛的感觉。可是到近代 19 世纪、20 世纪，医生越来越不重视病人对自己的感觉。

前面花了不少的篇幅粗略地跟大家讲了一些西方近代身体史的研究和贡献，让我们了解，我们对于身体的这种了解，我们对于身体的感受。如果我们要画一个身体，不是你就画一个身体，画一个身体的器官而已，不同时代的画会产生很大的意义变化。所以我刚提到，过去男性跟女性的器官的改变。这些画让我们了解，不是只有性别的这种差异，性或者身体在历史上也有相当大差异，而且这些差异会影响到我们对许多其他问题的感受与看法。在这样的背景之下，我们再回来看中国台湾地区的历史，或者是台湾历史里的一些文学作品。

我今天跟大家谈的文学作品，采取了非常宽松的定义。我们常常感觉到，台湾地区近代世界的发展其实是非常复杂和非常快速的。如果大家去了解一下台湾，比如说清代的台湾，清代的中叶，比如说 18 世纪的台湾。18 世纪的台湾其实有很多东西，我猜可能今天我们在许多方面已经不是那么能了解了。我过去做近代台湾的研究，我是从所谓的近代化，近代化的过程中间逐渐地开始做，所以大概是从天津条约以后。一开始我研究比较多的是长老教会。长老教会在差不多 19 世纪 60—70 年代进入台湾地区的时候，开始带进来西方近代的一些新东西、新技术、新观点和新世界，像马偕带来摄影术等，我大概是从这些方面开始做的。但这中间，我常会碰到一些需要思考的问题。当时台湾人的身体事实上逐渐地在转变。身体在成长的过程中，或者身体碰到疾病，或者是接受预防，或者是在生产，或者是在做膜拜，或者是上礼拜，在这些过程中身体逐渐开始接受不同的训练。跟过去不太一样的训练开始出现，所以当时我大概是有两个关切。第一个关切是台湾人的近代身体（modern body）受过什么样的训练？是通过什么机制逐渐在培养和训练过程中出现"modern body"的感觉的？另外一个，就是在这种"modern body"逐渐被建构的过程中，台湾人过去那些前近代身体（premodern body）的感受，那些视觉的意象，它的命运又怎样？

如果我们再回到身体史的脉络里来看，我再借用杜登的一个看法。她说，其实近代欧洲有两条不同的身体史路线，一条是欧洲近代身体的建构，在这个建构里，医生扮演着非常重要的角色，教育家、国家或地区等也扮演了不同的一些重要角色，这是一条身体建构的历史。可是另外一条历史呢？是这种前近代身体的这种感觉，或者身体的想象，或是身体的意象，这些东西在近代它到哪里去了？它隐藏起来，或者可能有些时候它会出现在人的无意识或潜意识中间，它有的时候可能会隐藏在一些文学作品里，隐藏在一些比如说童话或者神话故事里。所以透过其他的渠道，前近代的身体跟前近代的身体感受事实上仍然存在。作为一个女性主义身体史学者，她说如果我们对于近代身体有很多的不满，觉得限制太多，有太多的规训等，我们的身体其实不必像近代所规定的这个样子。我们的身体其实还有很多其他的可能性、其他的快乐、其他的潜能。可是我们怎么会知道那些可能性？我们怎么有可能会反过来质疑我们置身于现代情境中，受到近代训练的身体？杜登的一个看法是说，我们可能需要寻找一些前近代身体的感受，那种前近代身体的想象，那些东西事实上更有可能让我们知道我们的身体不需要像现在这个样子。所以这就是为什么我们需要去了解另外一条前近代身体的历史，它在近代世界到底是怎样被隐藏起来的，它到底是怎样被改装的，或者它是如何被装扮成另外一个样子的。我们需要去读出来，事实上我们有一些身体其他的感受。所以这两种不同的身体史，我们需要同时注意。

讲到本文的第三点，我们回来再谈到中国台湾地区的历史与文学。我自己对台湾文学是外行，但是或许读者可以读一下我这个外行人的一些感受。从台湾近代文化史、医疗史、身体史的角度来看的话，我觉得有一些可以稍微注意的东西。我自己的感觉是，比如说从日本殖民时期的台湾地区文学开始，一直到战后的一些发展，许多人的改革思想，譬如说许多文学家当时也到日本去留学，接触到一些比较新的具有现代意识的东西，回来对于台湾过去的传统或者是殖民时代不合理的高压做出反应。我觉得，这中间有部分固然是相当的好，但是如果我们从身体史的角度来看这些问题的话，就不能只谈这个部分。因为如果只有这个部分的话，我觉得台湾文学的发展似乎就有一种太直接的进步观，一种启蒙观。太理所当然地认为台湾需要启蒙，台湾需要进步，脱离过去传统的社会逐渐走向或者是尽快地走向近代的这样的要求、渴求、渴望。比如说台湾民报的创办或者是台湾文化协会里的一些知识分子，或者是当时的一些有台湾地区本土意识的医生，或者是又做医学又做文学的这些人，常常会有这样的一些感想。当时的许多医生，这刚好是我做台湾近代医学史常常会碰到的一些题材，他们受了最新的近代医学的训练，他们不喜欢的是殖民主义，但是他们知道这医学是好的，所以对他们来讲的话，医学跟殖民这两个东西是可以很清楚地分开的。医学里面没有殖民的东西，真正不好的是政治性的殖民，而医学是进步的。

这个二分法其实并不是那么特别，几乎所有殖民地国家、殖民地区的知识分子在学西方等主国所带来的这些知识、科学和医学的时候，他们都是这样看的，印度也是如此。在菲律宾、南美洲、中美洲，我们看到很多都是这样的。被殖民国家和地区的知识分子都很熟练地把殖民主所带来的东西一分为二，知识、科学、医学这些东西是好的，然后政治、高压、警察这些东西都是不好的。我觉得，其实我们更需要看近代世界、近代知识、近代权力里面的许许多多问题，而不是只把殖民的部分除掉就好，其他近代西方来的东西通通都是好的。大家如果有机会读一些西方社会自我思考和自我反省的著作，可以看出西方近代里有非常非常多的问题，非常非常多不好的东西。甚至什么是近代？什么是前近代？你可以把纳粹认为不是近代吗？这些说法其实并不公平，因为这些东西全部都是欧洲 19 世纪发展出来的新思想、新的社会制度、新的东西，近代世界其实在欧洲早就从 18 世纪工业革命开始不断地在往前推了，法西斯主义也是近代的一种。更何况在这些政治意识形态之外的这些知识、这些医学、这些工业所发生的许多的问题，或者是在性别、妇女、近代妇女运动、女性主义所提出的许多问题，都是欧洲近代知识里面的大问题。

所以，在这样的背景下，我们再来看台湾文学或者是台湾地区的文化、历史发展的时候，我们应该有更多元而复杂的观点，包括近代知识、近代世界、近代医学带到台湾的许多问题，这些问题跟殖民事实上没有那么容易分开，不是像过去的殖民地知识分子想的那么容易分开。所以我们过去在做的一些研究，叫殖民医疗。如果像是殖民地知识分子所说的一样，医学跟殖民是可以很清楚地分开的话，那什么是殖民医学？这个词其实有点矛盾，医学就是好的，医学是现代的、科学的，那什么叫作殖民的医学？就是说，我们现在在做医学史的研究时，医学里面我们看起来好像是客观而中性的知识，其实跟意识形态有很多地方可以糅合得非常紧密。并不是说知识就是非常客观的，这是过去比较实证主义式的思想，而实证主义对知识的思想基本上现在已经普遍被大家放弃了。知识、医学这些东西其实跟意识形态、权力的关系是紧密地扣合在一起，不是那么容易分开的。

在这个背景之下，想跟大家提一下，在思考这些问题的时候，除了启蒙、进步之外，我们对于近代的身体其实可以提出非常多的质疑和非常多的问题。同时，在台湾地区的历史与文化中，过去那些很轻易地被抛弃掉的东西，很轻易地被认为是前近代的、传统的这些思想，其实有很多都值得再来检视，重新思考前近代的身体感受，前近代的一些可能性。话说回来，在台湾地区的身体史里，我也感觉事实上有两条线索。一条身体史就是台湾的近代身体的建构过程，在我的看法里从清末的长老会基督教式近代性，到日本殖民时期殖民近代性的发展，这些透过各式各样的权力机制所建构起来的一种台湾近代身体史。可是同时还有另外一种台湾的前近代身体史，这个前近代身体史在主流的言论里、主流的报章杂志里很难看到，因为基本上它已经被推到边缘去了，我们需要透过一些口述史，透过一些多多少少比较边缘的资料去了解一些，像我之前在偶然的机会里很高兴地接触到的歌仔册，日本殖民时期歌仔册的数据，或者是最近开始接触到的一些日本殖民时期的汉诗、旧诗。这些在研究日本殖民时期比较少看到的资料，反而是种机会，让我们开始去接触到那些被遗忘的，或者是很快被推到边缘的一些东西，去看台湾的另外一种身体史。这两种身体史事实上有很多对话、借鉴的可能性。

比如说，在讨论台湾人身体的感受、身体的历史发展的时候，早期在 1895 年前后，一些日本的医生，一些日本人进入鹿港的时候，闻到一阵一阵的臭味飘过来。可是清末鹿港还算一个开发得相当不错的地方。另外，比如 19 世纪的欧洲人来到中国台湾地区，他们今天留下很多的游记等资料，不过大部分都是英文的或者是外文的。一般来讲欧洲人都比较喜欢原住民而不喜欢汉人，可是我就很好奇其中关于"气味历史"的问题。为什么日本人或者是欧洲人在当时进入台湾地区的时候，他们对气味的感觉是这么的不一样？这难道就代表了台湾当时很多地方很臭？难道他们的感觉完全都是对的吗？或者说，这种近代的、爱干净的一种感觉，让他们鼻子的容忍度变得非常非常低；或者是他们的鼻子只能容忍一种味道，而对其他味道都不能接受？身处这个近代世界之中，我们怎么样来看我们的生活，我们怎么样来看我们生活周遭的各种气味，已经有了整个系统的改变，而这个系统的改变，事实上也会涉及我们对于自己身体感觉的一种改变。所以，一个近代身体的建构跟前近代身体历史的逐渐消失，这两条历史线索是我们可以去阅读、思考的。

二、近代台湾地区身体史

现在到我演讲的第二个部分。这部分我基本上是用我在做《亚细亚的新身体》或者是一些相关的研究中的一些简单的例子，来说明我对于台湾过去的一些书写的感想，里面可能有一些图片。首先，我主要做中国台湾地区近代身体的发展、身体史研究，主要是从清末，特别是马偕来台湾那个时候开始。今天我们怎么看这位长老教会非常了不起的牧师？从基督教历史来看，长老教会对马偕简直是推崇到无以复加的地步。但历史学家不是基督教徒。即使是一个基督教徒，作为一个历史学家，你应该也有另外的身份。我们历史学家从身体史的角度怎么看马偕？我们在看马偕的时候，不会跟基督教历史看马偕的方式一样。马偕传记里其实留下了非常多非常有趣的数据。我做研究的时候大概是2003—2004 年，现在马偕的二十几本日记大概都可上网查询了，可以做的课题增加很多。以他在台湾的时间之久，马偕跟台湾人的关系是很密切的。他在北台湾建立起六七十个教会，到后来发展成八九十个教会，对于台湾的近代化产生非常大的影响。

　　我一直用近代性这个名词来指"modernity"，而不用现代性这个词，有几个主要原因。一个是我觉得"现代"这个词通常是比较近的，比如说最近的二三十年我们称为现代。可是当我们讲一个"modern world"，近代世界，开始进入中国台湾地区的时候，这其实是从 19 世纪开始的。甚至如果我们要说世界体系，那么台湾可能从 18、19 世纪便开始进入了。所以用现代这个词我总觉得不对。另外一个是，在冷战时代，台湾地区曾推行过所谓的现代化。当年像金耀基等所谓的一些现代化集团的知识分子，他们常提的现代化就是脱离传统社会进入到现代社会，而这个现代社会通常是一个比较理想状态的美国社会。因为过去有那样一个说法，如果我们今天用现代来描述 19 世纪，会跟那个年代的现代化运动产生名词的混淆。第三，近代化的过程中，事实上有很多的变化。所谓的近代并非单一的东西，而是在近代化的过程里，后面的近代会取代前面的近代。比如说 19 世纪的中国台湾地区，它早期的近代化其实受基督教长老会的影响蛮多，可以说是一个先锋。可是这个近代化到 20 世纪的上半叶逐渐被日本殖民的近代化所取代，基督教的东西被逐渐地排挤到边缘，长老会、西方的、英国或者是加拿大的那一套逐渐被排除。到了战后，又出现了一种新的、以美国为中心的近代化。这已经是第三波了，到 20 世纪 80—90 年代台湾"解严"之后是第四波。事实上它是一波取代另一波，所以我用"近代"。近代化在时间上可以久一点,另外一方面,它也比较容易让我们了解中间有很多取代的过程。

我刚才提到马偕,现在给大家看一段话,这个是出自马偕的传记(《台湾遥寄》)。他描述当年五股坑教会的情况,我当时读了觉得非常有趣,其实那是一种训练台湾人身体如何进入公共领域的一个必要过程。首先大家会不会开会?有没有办法像今天这样,身体在这个地方坐一个钟头、两个钟头,且尽量不讲话?这个看似容易的东西,其实不简单。这是通过不断的身体训练过程才能逐渐达到的。农民的身体、前近代的身体并不是这样的。他们七嘴八舌,不管什么开会不开会;他们有另外一套规则在进行。当时在五股坑教会,马偕是这样说的,"许多来的人,都是偶像崇拜者,而且他们没有一个人习惯于任何像基督教宣道或者公开演讲的东西,当年传教者的经验是多么的奇怪",这个经验我们今天已经消失了,但是我听说在有些小镇里有的时候还是会出现。

有时,当我们唱完圣歌,开始对大家传道时,一两个人会拿出他们的铁块,燃起火绒,点燃他们的长烟管抽烟,当他们的烟升起来时,我会停下来,提醒他们说因为他们要听基督的教诲,所以要保持安静。"喔,对,对,我们必须安静"他们非常礼貌地点头同意,但是一旦我准备重新开讲,另外一个人跳起来说:"水牛在稻田里,水牛在稻田里了!"我有再次提醒他们的义务,然后又得到"喔,对,对,我们必须安静"的回答。终于大家安静了几分钟,我才继续我的演讲,然后一个老妇人,迈着小脚摇晃到门边,大叫:"猪跑了!猪跑了!猪跑了!"真是一个干扰接着另一个干扰。但是,我从未责备那些停不下来的人们,因为,这种宣道演讲,对他们而言的确是又新奇又怪异。可是,在两个月内,在五股坑教会人们聚会听道时,其专心程度已经不下于在其他教堂中听我演讲的情形。

我们今天不太清楚马偕是怎么做到的。水牛到稻田里或者是猪跑了，这在当年的汉人社会里是很严重的事情，就比如我们在这边听演讲，然后你的奔驰车在外面被人家撞了一个大洞。但是，现在我们有个公众规则，你私人的事情不能够干扰到公众的事情，所以他说这是公开演讲。你的猪跑了这很严重，等于是你家的保险箱被人家搬跑了。可是，马偕觉得一定要训练大家来彼此配合。我们需要仔细地分析当时他们对身体的看法，对身体的训练。当时的训练是什么？我自己的研究不够，只是提出问题，而且我的提法不会轻易地就站在外国人或日本人那一边。我觉得这是一个很复杂的问题，有点像我前面提到的"嗅觉历史"与臭味。它涉及我们近代的嗅觉，而近代的嗅觉不光只是嗅觉，它还跟很多的社会安排或生活安排相关。欧洲的研究指出，法国人在18世纪，是通过什么样的一个过程，使得嗅觉开始有很大的改变，开始不能容忍很多气味。至于中国台湾的话，我不清楚这几年是不是有相关的研究。不是从进步的角度来做，而是从一个身体史的角度来看我们的嗅觉与社会之间互动转变的过程。这个过程，我基本上只是提出问题来，没有进一步做这方面的研究。关于这个问题可能有很多种解释的方法，很多种分析的角度。例如，日本人或西方人来到台湾地区，他们觉得很臭那就是真的臭，一种单纯身体的感受。但如果我们从历史的角度来看的话，这个臭其实是相对的，在不同的文化、不同的生活安排之下，我们的嗅觉可能会适应某些东西。所以，一个前近代（德川时代）的日本人，如果搭时光快车，受邀去大正时代的近代东京，说不定他也会觉得很臭？这个我不知道。我们应该将这个臭看成一个相对的观念，而非习惯性地把身体视为单纯的生物组织，把臭当成是一个绝对的观念。

下面我再提一个例子，就是"歌仔册"当中台湾的产婆。在日本有个学者叫王顺隆，他把台湾可以找到的歌仔册通通传到网上，通过网站可以在里面搜索。歌仔册里有很多很有意思的东西，但是并不容易读，因为它不是汉文而是用闽南语的拼音写的。现在台湾有一些歌仔册的研究，这里面其实是有一些蛮有趣的东西的。比如说我找当时台湾产婆的资料，从清代到日本殖民统治时期的台湾地区传统文献里都找不到任何的讨论，但是在歌仔册里倒是找到一些非常仔细的描述，描述当时生产的过程。里面有相当一部分是跟生产、产科、妇产科有关的"医疗与性别"方面的议题。这里再给大家看一下，这个就是在歌仔册里玉珍书局《最新病子歌》的一个部分。在这地方包括"腹内团仔块法作"，这个"块法作"理解成正要发作，"产婆来到讲也未"，"也未"就是还没有，"团仔多野未翻胎"，这个是指在你生产之前要有个婴儿的头朝下，卡住产妇骨盆的部分，那才是一个翻胎的过程，"却姐"这在地方上也是对传统产婆的一个称呼，就是捡小孩，小孩生下来叫捡，"第一贤"就是最好的。总之，这些都是一些非常仔细的讨论（请读者参考我《亚细亚的新身体》一书中第三章里对歌仔册的相关讨论）。

研究台湾地区旧诗的黄美娥教授也提到，旧诗里也有一些相关资料。台湾地区汉人曾经在日本殖民时期以产婆为名写了非常多的诗，可是那些诗后来找不到了，但最近如果我们上网，大概可以找到一小部分。也就是说，以产婆为例，我们以前找的一些数据大部分都是关于受过近代医学训练的新式产婆。比如说日本人写的，在《日日新报》这些主流的报纸上所写的产婆。而当他们谈到一些传统的、没有受过训练的，就是所谓前近代的产婆时，他们的说法通常是说这些人都非常糟糕，非常烂，非常不知道卫生、贪婪等，什么坏话都有。可以看出，在谈这些问题的时候，传统都是不好的，近代都是好的，可以明显地看到一种价值上的绝对二分现象，可是我觉得台湾的前近代社会不见得真的是这样。这个问题其实非常复杂。前近代里事实上有一些蛮有意思、蛮不错的东西，而台湾在近代化过程中间，事实上有一些值得批判的问题。所以，我们在讨论这些问题的时候，需要复杂化这个过程，不要只是像过去一样站在直线进步的史观，站在一个单纯的启蒙史观而已，我们需要找到一个有更多声音，一个前近代与近代可以互相攻错的后启蒙时代观点。

我现在再继续举其他的例子。这张图也很有名（见图1），在初中还是高中的课本里就有了，叫作马偕拔牙图，这也是在马偕的传记里附的。

图1　马偕拔牙图

　　我们怎么样来分析这张图，来思考这张图？怎么样配合当年马偕在传记所写的一些文字来讨论这张图？从基督教进步的史观来看这张图的话，就说马偕当时很好，带来西方最新的拔牙术，解决了台湾人当年的牙齿问题，台湾人当年都不重视卫生，不注意牙齿，还好有马偕让台湾人的牙齿越来越好，等等。但是如果我们进一步来看，其实问题没那么简单。这个图事实上是很多人一起拔牙，马偕这张拔牙图我估计是在1880年左右，因为他1872年到淡水，但1880年左右在乡下地方进行拔牙时，他已经有大弟子（阿华）、二弟子。这是一个技师，虽然没穿上衣，可是他手这边有很多的牙钳秀给大家看，然后这里有很多人，有小孩、女人、男人一起拔。这个虽然是安排好的镜头（摆拍），但在马偕的文字叙述里，其实大部分的拔牙都是这样进行的。马偕拔牙是种公共的拔牙，不像是你今天到牙科诊所去，有一个房间专门地去处理你的牙齿。这是大家在一起，如果你特别怕痛喊说："啊……"那旁边的人就说这个人怎么这样，会给你一种公共的压力。这个压力其实蛮有意义的。

据我的了解，马偕在1880年的时候可能没有用太多的麻醉。麻醉最初在实行的时候是全身麻醉，局部麻醉是很后来的事情。显然这不是全身麻醉，大家都站着怎么可能麻醉呢，所以应该是没有麻醉或者麻醉非常少。我不知道他是怎么做的，大家怎么能够那么不怕痛？马偕当时有个说法是，台湾人神经特别粗可以忍耐痛。我觉得这是一个西方人优越的观点，因为西方被认为较为纤细、敏感。我觉得这有问题。话说回来，我觉得这张图有一种公共性，这种公共性会产生一种压力。医师常有这样的经验，就是你如果把很多小孩子集中在一起打针的话，小孩子比较不会叫；如果你把一堆小孩子分开放到单独的房间打针的话，他比较会痛，这是其一。其二，在马偕的传记里起码有两三个地方描述了这个过程。这个过程不只是拔牙，他是很多事情一起来做，慢慢一步一步地来做。比如，马偕一群人到一个乡下，在一个公众聚会场合停下来，然后他召集当地的信徒过来，大家首先唱圣歌，然后讲点道，讲道之后，检查上个月我让你们做的作业你们做好了没，然后唱圣歌，再讲道，讲完道之后就问："我刚讲什么？刚刚那个人从什么地方到什么地方？是哪一年？那讲完道之后拔牙，拔牙中间还发奎宁粉。那个时候台湾地区疟疾很厉害，所以基督教医学超过台湾的汉医的地方就是它有奎宁粉可以更有效地治疟疾。所以大家也等着发奎宁粉。拔牙、发奎宁粉、唱圣歌、演讲、讲道等活动的进行是彼此交错的，最后请大家吃点东西来完成整个仪式。所以这可以说是一个公开仪式，同时也是个宗教仪式。它是一种宗教型的医疗。

其实对当时乡下的台湾人来讲，他们未必能够清楚区分哪个是宗教行为，哪个是医疗行为，所以它是整个混在一起的。这是当时马偕在拔牙时的一种非常新颖、非常特别的实作、操作方式。是糅合了基督教教义、仪式，还有当年马偕的集体拔牙。马偕在他的日记里，起码我之前能够看到的部分里，有两个数字他一直觉得最骄傲。一个是他拯救灵魂的数字，一个是他拔牙的数字，而且他觉得拔牙会使得台湾人非常清楚地知道，使得牙痛马上消失的真正的因果关系是什么。因为如果是其他慢性病，他说台湾人那时候除了拜基督教之外还拜其他神，最后治愈的时候谁晓得是哪个神真正有功用；每个道士，每个牧师，每个和尚都会强调说这是我的效果。可是拔牙不一样，拔完牙后马上就不太痛，所以是非常清楚地只有基督才能做到，其他的和尚、观音、佛祖都没有办法来竞争，所以这是他当时的一个构想。

我们现在再看另一张来自19世纪的图（见图2）。

图2　礼拜堂病人待诊（王秀云提供）

　　这个礼拜堂当时有个做法是，如果要来基督教看病的话，你九点钟的时候就要来。当年马偕、彰化基督教医院或新楼医院都有这种非常类似的时间管控。你九点钟来听我讲训，听我讲道，然后唱点歌什么的，之后看病、拿奎宁粉就免费。但是如果你九点没来，十点我们这些活动都结束之后你才来的话，那就要钱了。这从清末就开始了。你看这里，台湾人也很聪明，传教士虽然在上面讲道，下面的人却在带小孩，在聊天，在看书，在东张西望。只有传教士最用心，他在告诉大家基督是多么爱你们，重要的是你身体要准时到。请问我怎么知道什么是九点钟？九点钟是什么时候？他说不管，你九点钟要到。在清末的台湾要守时这是不容易的，钟、表在那个时候事实上还没有。而且他说是礼拜二、礼拜五，我怎么知道哪天是礼拜二？我们现在都知道，可是那时候只讲初一、十五、三十。于是那个时候有块板会告诉大家，今年一月有哪几个礼拜二是等于初二、初五、初几的，它有一个换算表，大家看了那个表才知道是哪一天，然后早上九点钟要到，经过这个过程之后你就可以得到免费的奎宁粉、拔牙服务或什么东西。

　　这样的过程是一个对于时间的要求：你怎么安排自己身体跟时间的关系，你怎么配合你的家人，你怎么到教会里面。这种安排在清末的台湾通过长老教会事实上已经开始了。当然到了日本殖民统治时代，钟表越来越多地进入台湾，但是很多从清末就开始销售到台湾了。我们再看一些其他的。马偕当年跟学生出游其实是非常惊人的。如果我们仔细地去看马偕当年出游的情形，其实他带大家出去并不是休闲，跟我们今天说到哪里去玩是完全不一样的。他一方面赶路，另外一方面要大家在走路的过程中间看到奇怪的蚌壳、奇怪的树的花，或奇怪的树的叶子通通都要捡来，之后大家就坐在一起休息来讨论：这个花是什么花？这个叶子是什么叶子？这个蚌壳是什么蚌壳？对他们来讲，在野外走动，或者是从一个地方到另外一个地方的时候，事实上也是一种立即的学习。在这里面我们可以看到马偕对于他的学生在很多细节上的要求。顺便提一下，马偕在 1875 到 1880 年左右，就常常跟他的外国朋友带着相机上山下海在台湾各地跑来跑去。他的摄影机在当年是非常早，在台湾摄影史上几乎可以说是前三的。当时的这些摄影带来的仪式，对大家也有非常清楚、非常深的影响。

我最后讲一下日本殖民统治时代中国台湾地区第一个开业的妇产科医师高敬远。台湾的身体史里，女性、妇女的身体史非常特别，非常值得由性别角度来分析。我们常常说，日本在台湾地区近代化的过程里，非常重要的是给台湾带来医学，在台湾设立医学校，后来变成医学专门学校。可是大家知道，从头到尾这些训练出来的医生，大概有两千多位，这个要再查一下。但日本在台湾地区没有训练出一个女医生，全部都是训练男医生。当有些台湾的女性读了中学之后非常用功、非常优秀，假如她家父亲或者哥哥是医生，或者有些经费的话，有可能送她到日本那边的女子医学校学医，如大家最熟悉的蔡阿信。但是无论如何，台湾医生的主流、妇产科医生的主流都是男性。男医生要看女性的身体，这是台湾的性别医疗历史里面非常重要的一环。当时台湾第一个开业的妇产科医生高敬远，他在 1920 年的时候，在台北成立高产妇人科。他是一个开业医生，但即使他当年敢开业的话，还是有很多女性不愿意上内诊，或者是发现需要内诊的话马上夺门而出，非常生气。

在高敬远之前，台北医专已经有三四个医生学妇产科，可是他们不敢开业，因为他们知道开业之后一定没有妇女要来给他们看。不敢开业的时候他们就做其他事情，包括调查台湾妇女们的月经是从什么时候开始的等，有很多详细、有趣的讨论（请参考《亚细亚的新身体》书中第三章第五节"首度遭遇"）。也就是说，他们这些早期不敢开业的妇产科医师，他们开始整体地去了解台湾妇女人口。我前面跟大家讲的欧洲近代的这些对于身体管控的技术中，有一个就是对于国家或地区人口的管控，对于人口的了解。比如说婚姻的程度，可以生小孩子的年龄，等等，都有非常仔细的调查，这种对于人口整体的思考与掌控可以说是近代世界开始时的一个重要特性。其实在日本殖民统治初年，大概 20 世纪 10 年代，日本的医学开始以台湾地区整体的人口，包括在妇产科方面对于妇女生育能力整体做一些评估，开始慢慢做一些规划，开始这样的思考。这个思考我们也可以说是日本殖民政府对台湾地区整体人口的一种管控，福柯所说的"生命政治"（politics of life）也差不多在那时候出现。

这张图蛮有意思的（见图 3），就是鼓励台湾的妇女要给台湾人的妇产科医师看诊。大概是高敬远当年开业之前在台北病院看诊时拍摄的（大约 1918—1919 年），因为他学习表现得非常好，所以可以在台北病院当医生。

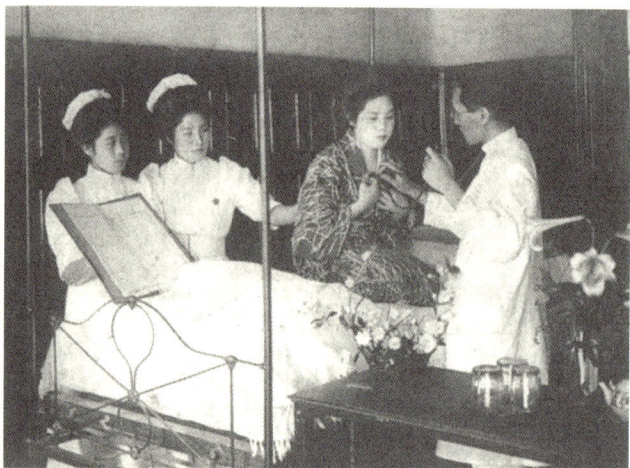

图 3　高敬远在台北病院看诊

其实台北病院是很贵的，而且看诊的妇女大部分是日本妇女，我猜这个妇女大概是日本妇女，当然我不敢百分之百确定，虽然她穿日装，但也有可能是台湾妇女。这张图展示给大家看的一个用意是说，你看，一个殖民地所训练出来的医生，他可以检查殖民主国家妇女的身体。这展示了两个意义。第一个意义是，殖民主国家的妇女们多么开放，多么重视自己的身体，可以给妇产科医生看，即使他是殖民地的妇产科男医生也是一样。第二个是，殖民地的妇产科医生多么优秀，大家应该放心，连殖民主国家的妇女都敢给他看，何况殖民地的妇女。我们看高敬远的一些讨论，可以发现其实他是非常紧张的。他在 1920 年想要开业，他自己最担心的一件事就是台湾地区的妇女不给他看。后来愿意到妇产科看诊的妇女越来越多，可是一直有个问题，就是台湾地区的妇产科医学从日本殖民统治时期到战后，男医生的比例非常非常高，一直到最近的十年左右，情况才开始慢慢地转变。当然这个过程中有很多细节可以进一步再谈。从身体史的角度思考这个问题，又会引发怎样的思考？在一个传统父权蛮兴盛的地方——台湾，大家知道台湾童养媳的历史，家庭是把女性的身体当作工作机器，女性身体过去基本上是属于家庭、父权的。那么在这近代化的过程里，女性的身体如何交给一个陌生人、一个男人来看？家庭、父权跟政治这两者之间如何来协调？从身体史角度来看，这是如何达成的？妇女如何可能够做这些事？当然，我们知道这过程中间有非常大的困难。这也是为什么留学日本的女医生一回到台湾地区，很多台湾的妇女都找她们，即使她们不是妇产科医师，却都得要兼看妇产科的问题。蔡阿信是妇产科，所以她回台湾之后有非常多的妇女找她看诊。这也是我们在做身体史的过程中，与性别的议题紧密地结合起来的部分。

三、总结与问题讨论

因为篇幅关系，本文希望能够留下最后一部分，来记录我跟一些朋友对上述内容所做的一些讨论。中国台湾地区的身体史其实有非常多的东西都值得进一步的思考。因为台湾性别研究的发展，其实是很有趣的。台湾的口述史大概分两种，一种是有名的男人的口述史，另外一种是差不多十年来很多相较而言没有名的阿嬷的口述史。我们似乎非常缺乏对一般男性、男人的身体史的关注。就是说没有名气的这些男人，他们的身体史是怎样转变过来的？是怎么样的过程？这个东西比较少，我想在这些方面的题材，像文学史或台湾文学的研究，事实上有潜能去接触到许许多多这些与日常生活相关的东西。这个不是帝王将相的历史，是一种人民的生活史，这种人民的生活史里也牵涉到很多身体的历史。近代身体的建构或者是前近代身体的逐渐消失与隐藏，这里面有许许多多的想象。还有包括跨殖民或后殖民的亲密身体关系，我自己感觉，在日本殖民时期很少有日本人与台湾人通婚。当然这个婚姻可能会受到非常多的限制，但是比如说，通过佣人，通过老师跟学生的关系，跨殖民的比较亲密的身体关系，这种东西在西方近代其实有很多讨论，跟殖民史结合起来，然后再放入生活史里的一些讨论。我书单中列出了一本书大家可以参考，就是施托勒（Ann Stoler）的《肉欲与皇权》（*Carnal Knowledge and Imperial Power*）。作者是荷兰人，所以对于 19 世纪荷兰殖民统治下的印度尼西亚有许多的研究。荷兰人在东南亚的跨殖民亲密关系包括婚姻，包括家里的佣人、厨子。我们在日本殖民统治时代不是有些台湾人子弟去上小学校吗？他们在小学校里跟日本的学生一起上学，这里面的一些身体和私密的东西，我觉得应该也是非常有意思的，但是好像比较少看到。还有小孩跟老人的身体史等，这些方面都是我自己非常希望能够看到，而且可能可以与台湾文学里非常丰富的各式各样的资料相互沟通、借鉴和互相讨论的地方。本文的正文先谈到这儿，下面记录一些后续的讨论。

问：通过老师的研究或其他有关身体史的研究，我们渐渐会去勾勒身体是怎样在权力网络中被制造出来的。我的问题是，当我们比较了解这个历史的过程之后，如果我们想要让身体物质的部分能够自己讲话，我们怎么样让它自己能够发声？因为老师分析下来好像所有的东西都是在论述里，或者是知识权力关系里制造出来的，但是身体它并不是一个很实质的物质。

答：让身体能够脱离出知识权力论述的网络之外，让他/她/它能够发声音，我觉得大概有两种方式。一种方式是，当我们了解我们的身体是在近代的建构过程中怎么样被建构出来的时候，我们身体的起源是怎么来的时候，我想会有一种解放的效果。这个效果会使得我们重新思考过去习以为常的一些东西或现象，可能我们会开始不再那么习以为常。而且过去我们可能会有一些身体的感受，那些感受我们会习惯性地排除掉，可是现在可能会开始对那些习惯性排除掉的身体感加以接受或重新思考。当我们了解我们身体的许多感受是建构起来的，而且知道它的来源为何之时，可能会有一种解构的效果，这种解构的效果也许可以让我们身体的声音能够发出来。第二，也许通过身体史的思考、了解，也就是说在前近代的身体还没有被近代开始规训的时候，前近代一些身体的声音在一些历史资料里可能是可以看到的。比如说在马偕的五股坑教会里，台湾农民的一些表现，我觉得这是一种前近代的声音。前近代跟近代刚开始接触的时候，有很多那样的声音会被记载下来，我想我们也可以借此进一步地听到，进一步地思考它们中间的关系，台湾文学中也颇有一些资源来倾听前近代身体的声音。

问：刚刚您提到时间脉络里身体的变化问题，我想问的一个问题是，如果将身体落实到空间来看的话，可以有些什么样的讨论？譬如说在《肉体与石头》这本书里，它谈到身体和城市之间的关系，可能把城市的道路视为身体的血管。那如果说，落实到台湾的环境里，譬如说在城市里的身体和在一般乡间的身体等，空间的不同，身体会不会有其他不同的现象或可以探讨的地方？

答：对不起，我没有看过那本书。但是我讲身体史的部分，历史、时间这个面向一定是存在的。但是在这个时间参考坐标之下，当然会有一些新的空间出现。比如说台湾的都市化过程，从清末到二战后，都市的空间跟那些从乡村到都市里来的人们或者是"身体"，他们的关系是怎么样？我想近代身体的出现，都市应该扮演了重要的角色。这个过程我分析和接触得比较少，但是如果广义来讲的话，比如说近代身体、近代妇女身体的出现，这种近代身体在都市里看好莱坞的电影，看妇产科医生，逛百货公司，这是一种近代身体的训练过程中的一些活动的方式。在乡间妇产科医师很少，不会有百货公司（新式的衣着与化妆方式），电影院也非常少。所以在这个意义上，都市特殊空间的结构，也许是一个训练近代身体非常有意义的方式。以整个都市来讲的话，当然范围蛮大的，我过去接触过一些博物馆的研究。近代博物馆的出现，这个博物馆的身体成为一个新议题：是怎么鼓励大家进入博物馆参观的? 这些博物馆里我们所看到的东西，怎么在一个博物馆里表现身体? 我过去接触过一些（请见傅大为2006，本文最后参考书目）。如果我们要来分析这种空间和身体的关系的话，可能除了都市之外，比如说台湾早期的百货公司跟身体的关系，他们的互动到底是怎么样? 还有在街道以及在博物馆，这些东西我觉得大概也是需要一个一个分析之后，逐渐把它们整合起来。这个是我大致上的一些想法。

问：老师的图片让我有深深的感触。比如说马偕在拔牙，我注意到他的手在额头上，有种转移作用。我想当初一定是没有麻醉，不可能有麻醉，所以在拔牙的时候每个人都把手放在头上，他用力一夹把头一打那就是转移他的痛苦。小时候我妈妈帮我拔牙的时候，用一条线拉一下，额头一打就打下来了。还有基督教到台湾来传教，我们小时候叫作"面粉教"，都是利用面粉来传教，你们来听教的时候就给你们一些面粉，以前就是这样。一下发冷一下发热，那个时候最好的药就是奎宁粉。你来听教听完时，我就把奎宁粉分给你，三天发一次，这种东西也是一种好处，是有利用的性质。第二个就是小学校，小学校就是日本人读书的专门地方，台湾人一定要是贵族才可以进去，公学校是一般的国民就读的，公学校是台湾人就读的，小学校是日本人就读的，所以他们有贵族的那个阶级的样子。我记得我妈妈他们在公学校的时候，因为那时候要年纪比较大才读小学，她的老师往往都会跟学生恋爱，跟学生恋爱结果还不错就带回日本去。但是像"雾社事件"的那些警察或者我们的原住民同胞，他们的婚姻是拉关系，最后还不是好的结局。还有那个妇产科医生，为什么日本人一定要我们台湾人尽量当医生? 因为台湾人当医生，钱可以赚得多又不会反抗，所以我家里的长辈很多都在当医生，长辈也是这样告诉我们的。不过当妇产科医生在检查的时候一定要有女护士在场，这是缓和她们的情绪，也不会被告性骚扰。

答：这位先生有一些非常有趣的观察。我是没有注意到马偕的左手，这个左手我想是非常有意思的，所以这个我再回去看一看，再回去思考一下，这对他当时的拔牙是不是有一些特别的用意。然后提到公学校、小学校，的确是有一些少数的，比如说有一些家庭是在市镇里面，他们具有公职，那么他们就有可能让小孩子到小学校去读书。但是因为台湾小孩会被日本小孩欺负，所以这个过程是一个怎么样的关系？老师怎么看这个问题？我觉得这是一个跨殖民的身体关系。不过你后来讲的那个也很有意思，台湾的女学生跟老师恋爱，后来被带到日本，这个我想了解一下有没有特别的故事？如果有具体的故事的话，我想这会是一个蛮有趣的东西。我过去只是特别注意到一点，比如说吴浊流在讲他的生平的时候说，他跟很多日本女性关系其实都蛮好的，那当然中间有成功过一些，后来又不成功。他跟许多日本女性关系不错，但跟日本男性关系大部分都不好，我看到的一个情况是这样。所以你讲的那个关系假如有故事的话，就能够进一步地让我们了解那中间的关系是怎么样的。

问：老师你好，刚刚你讲到我们的身体史，从马偕到淡水开始，然后陆陆续续有很多的外国人来台，例如彰化基督教医院。以前我姊姊或有些亲戚要生产，他们说一定要到彰化基督教医院，因为他们的医疗真的好，他们有很好的方法。例如，我们以前南部有乌脚病，这些在东南亚国家都没办法医疗，他们这些基督教的传教士包括医师都用西方最先进的方法治疗了台湾的一些疾病，让台湾人的身体从落后的身体慢慢变成先进健康的身体，变成台湾人的生活和历史，在不断进化演进的过程当中，我想再回到台湾文学，请教老师我们大概可以做什么方式的整合？

答：关于台湾文学史的部分我知道的非常少，所以我蛮希望大家可以自己想一想这中间可能的关联在什么地方。但是我觉得你刚才提的，有一点我觉得有些意见。就是我们看台湾身体史的发展，我是建议大家看台湾身体史，不要认为原来很落后，到现在是越来越进步，要避免这样看。我当然不是鼓励大家把它看成是一个逐渐衰落的历史,因为比如把日本殖民统治时代台湾的平均身高跟今天的平均身高,或者日本殖民统治时代各式各样的死亡率跟今天的死亡率放在一起比的话,的确你可以看到在某些方面是有些进步的。可是在另外一些方面,在近代社会我们也要承受各式各样的要求,以及种种生活的紧张与训练。我们的生产力比过去大了多少,可是奇怪的是我们也比过去忙碌很多,压力大很多,环境差很多,同时我们的问题并没有比过去少很多,我们也有一大堆新的问题出现。基本上,我们要避免用一种身体进步的观点来看这个问题。过去有过去的问题,现在有现在的问题,现在的问题可能过去有一些很有意思的解决办法,在这个地方我们可以去了解一下过去的解决办法,采取一个相对主义式的,不要太绝对化的观点,这样的话也许我们可以放开心胸看出更多有趣的东西。

问:我想要请教傅教授一个问题,今天早上我们上的是空间,我们有一些权力可以去影响甚至宰制那个空间,今天下午听到老师说到身体史,老师举女性的例子,然后提到台湾的女性事实上在某一个时期身体是被男性所宰制的,我联想到一个问题。身体是放在空间里面的,如果身体是被宰制的,空间也是被宰制的,这样的东西好像不太符合我们现代人所要追求的空间的解放,身体的解放。如果身体解放空间又解放的话,是不是就变成没有信息没有文明?那我们到底是要选择文明还是要选择解放,如果是选择解放的话,今天我们身体都在这个空间里,老师在上面上课,但我们可以在下面走来走去像刚才那张图一样,那这会是一个非常吊诡的情况,我不知道老师怎么去看待这个问题?

答:其实文明有很多种。我们讲近代文明不是只有一种,近代文明中间甚至有很多种是冲突得非常厉害的。比如,在古代没有办法建立起这种制度,如果我们想要身体跟空间的解放,并不一定表示说和所有文明都是冲突的,这是一种对我们的创造力、行动力的挑战,是不是能够去思考、发挥或者是想象一种新的文明安排。不一定是要非常的庞大,因为我们说文明有时候非常大，我们个人能够做什么？比如说从我们的生活空间开始，我们自己的小小社群，这个社群我们能既有一种文明又有一种空间跟身体解放的安排。如果说能够有一些这样的安排，而且如果做得不错的话，那就有可能为越来越多的人提供参考。那我们的"idea"怎么来？什么样的东西，我们怎么去想象？我的建议是，我们可以向历史学习，去看一下前近代的身体是怎么过活的，去看一看我们近代身体的建构是怎么样起来的，我们的起源是什么。了解这个起源对我们身体的解放会产生一种鼓励的作用。我们现在坚信不疑的这些东西、感觉，事实上都是有历史的，不是必然如此。如果我们现在相信所有东西都是必然如此，那还改变什么。

问：老师好，我们知道日本殖民统治初期，日本在台湾地区推动一个身体的改造活动是解开缠足，解辫子，如果不从一个殖民进步主义的角度来看这个运动，老师会如何来看这样一个措施？

答：好问题，我这边有一张图，这个是后藤新平当年画的一张图（见图4）。这个是解缠，当时中国大陆也在做，台湾地区通过日本殖民者也在做。

我先说解缠这个问题。解缠其实是近代东方妇女史中一个相当大的题目，特别是中国妇女史。细节我并不是很清楚，我只知道现在有些研究中国妇女史的学者开始认为缠足这个问题，过去被男性知识分子看成是一个这么大的问题，其中有一部分涉及西方的"东方主义"（Orientalism）怎么看东方的妇女。西方殖民者说，她是一个被东方男人压迫的受害者，然后东方男人都是怎样怎样，但是西方殖民者是否有道理、有资格如此说呢？就有一个这样的论辩过程，最近开始累积出许多的新研究出来。在一个缠足的文化里，女性其实还是可以做蛮多事情的。在这个解缠运动之后，解缠运动的同时，我们也可以问我们男人掌权者希望这些解缠后的女性做什么事？并不是解缠之后就没事了，因为解缠之后女人要做什么呢？是能决定她自己要做什么，还是说解缠之后

图 4 解缠 (杨儒宾提供)

男人告诉那些女人要做什么? 这就牵涉到, 到底解缠之后的妇女是为了生产力而解缠, 还是为了妇女而解缠? 这当然是有很多的问题可以讨论, 特别是日本殖民统治时代台湾的教育史。大家可以参考一下中国台湾地区的教育史, 日本殖民统治台湾 50 年, 大家知道义务教育是几年? 最后两年。前面 48 年都不是义务教育。不是义务教育的时候男生跟女生的入学率是多少? 大家可以看看一本书, 就是日本殖民统治时代教育史, 已经翻译成中文。现在大概有进一步的研究出来。其实那个时候台湾的妇女去上学的人是非常非常少的。为什么妇女上学的人非常少? 我们可以看到很多阿嬷的口述历史, 妇女从早到晚工作, 眼睛张开就开始工作, 眼睛闭起来就开始睡觉。有些女孩子在学校里成绩非常好, 那不是说她很用功, 回家做功课读书温书, 而是因为她过目不忘。她只有上课时才有时间把书翻开, 回家之后就有做不完的事，她哪有时间看书？还好她过目不忘所以成绩很好。我的意思就是说，一个国家的公论机器把女性或者童养媳解缠，那我们要看社会有没有配套措施来让解缠后的女性可以自己做主？所以这个问题很复杂，其实我们可以问，比如说日本人来台湾地区，他们是在解缠，可是为什么不消除童养媳这个习惯？他们没有做，他们说尊重台湾的习俗。那为什么有些习俗尊重有些不尊重？日本殖民者1895年刚来台湾地区的时候，其中有一条传闻就是日本殖民者不准台湾人吸鸦片，这还引发了一种抗日情绪，后来改成专卖，让总督府的收入不少。为什么他们有的做有的不做？日本殖民者到底是怎么安排这个社会制度的？我同意解缠是一个很有趣的问题，但是会跟很多其他东西产生关联，需要一起讨论。

问：老师说到的缠足，其实缠足是有钱人的专利，穷人不可能缠足，看她们家境就知道。那日本人为什么不废除童养媳？因为缠足很残忍，违反人性，身、心都受创，那是不人道的一种做法。童养媳跟经济有些关系，小孩送给别人养的不只女生，男生也很普遍，小孩子的送养有经济因素还有劳动力的因素，而且送给人家养可能会受到更好的照顾，更好的教养。所以从这个层面下去分析也许就可以去探讨老师刚才所讲的，为什么日本人没有禁止童养媳。

答：关于缠足，我想在日本殖民统治时代有比较仔细的调查，到底缠足有多少人，这个我们可以看到有一些数字。我想不见得只是有钱人缠足，闽南人缠足的很多，客家人缠足的比较少，我们可以看到是有这样的现象。至于童养媳，其实男孩送给人家养这个比例是非常小的，如果你有具体数字的话这会非常有趣。关于童养媳，台湾的人类学界一直有相当的研究。童养媳送给别人之后生活比较好，教养比较好的也不是没有，这个我同意，但是数量是非常少的。我看到的大部分情况，童养媳送过去就是工作机器，大部分都是这个样子。我认为，童养媳是一个非常令人遗憾的社会制度，一个父权社会，而且不是只有贫穷的妇女才把小女孩送出去，很多富有的家庭也把小女孩送出去，送到比自己家还贫穷的这些家庭里去，这也都是有的。我们现在因为日本殖民统治时代户籍资料还蛮丰富的，所以里面有许多东西可以参考。

  傅按：这篇文字，源于笔者在2008年台中中兴大学的一个演讲，我要特别感谢朱惠足老师的帮忙。而在我整理与顺稿的过程中，也要特别谢谢现在任教于中兴大学历史系的许宏彬老师的帮忙。但是此篇文字，当时只是作为一个研究计划的成果报告而在私下流通，从来没有正式发表过，我后来也一直忙于阳明大学的各种学术行政与教学，没有机会将之修订发表。今天，到了2015年，我很高兴有机会再经过编辑，而以另外一种形式在海峡的另外一边发表，十分感谢这一过程中许多朋友如章梅芳、刘兵等的大力帮忙。

推荐阅读书目

［1］ PORTER R. History of the Body Reconsidered［C］// BURKE P. 2nd edition. New Perspectives on Historical Writing, (2001，Penn. State Press)

［2］ Foucault, History of Sexuality, Vol. I. (1979).

［3］ DUDEN Barbara, The Woman Beneath the Skin (1980s).

［4］ Laqueur, Thomas, Making Sex, (1990).

［5］ STOLER A L. Carnal Knowledge and Imperial Power: Race and the Intimate in Colonial Rule［M］. Oakland: University of California Press, 2002.

［6］ 傅大为. 亚细亚的新身体：性别、医疗、与近代台湾［M］. 台北：群学出版有限公司，2005.

［7］ 傅大为. 回答科学是甚么的三个答案：STS、性别与科学哲学［M］. 台北：台湾大学出版中心，2006.

［8］ 许宏彬. 台湾的阿片想象：从旧惯的阿片君子，到更生院的矫正样本［D］. 新竹："清华大学"历史研究所，2001.

［9］ 吴嘉苓. 叫人来断脐：日治时期台湾女性的生产网络、知识与技术［C］//"清华大学"历史研究所第五届"性别与医疗"工作坊论文. 新竹：［出版者不详］，2005.

［10］ 江文瑜，曾秋美. 消失中的台湾阿妈［M］. 台湾：玉山出版社，1995.

不就男医：
传道医疗中的性别身体政治[1]

王秀云（成功大学医学系　医学、科技与社会研究中心）

"李夫人病重"

1879 年（光绪五年）夏，在通商贸易繁忙的天津埠城里，李鸿章夫人莫氏病重[2]。据说大夫们纷纷表示夫人的病情已经没有指望了，在这样的情境下，李鸿章的外国友人极力推荐李寻求外国医生的协助。然而李夫人可不是平常的妇女，她的身体不能轻易容许男性医生的接触，更不用说外国男医生了。但是最后李鸿章迫于夫人病情危急，不得已还是请了外国洋医，一为英国医师马根济（John Kenneth MacKenzie, 1850—

---

① 本文改写自笔者《不就男医：清末民初的传道医学中的性别身体政治》一文，原刊登于《"中央研究院"近代史研究所集刊》，2008（59）：29-66。在此感谢阳明大学科技与社会研究所傅大为教授的邀请。

② BRYSON M I. John Kenneth Mackenzie: medical missionary to China [M]. New York, Chicago: Fleming B. Revel Company, 1891: 178 - 179. WONG K C, WU L. History of Chinese medicine: being a chronicle of medical happenings in China from ancient times to the present period [J]. Journal of the American Medical Association, 1932, 101 (3): 179 - 185. LITTLE A J. Li Hung-Chang: his life and times [M]. London Cassell & Company, 1904: 190 - 191.

1888），另一为尔文（A. Irwin）。经过六日的医治，李夫人病情总算稳定住了。为了后续的治疗与照护能符合中国的礼教规范，李鸿章接受马根济的建议，从当时的北京请来了一位隶属于美国美以美女性教会的加拿大籍女传教医师里欧挪拉·豪尔（Leonora Howard，1851—1925），到李府照顾李夫人。据传李夫人在两个月之后病愈①。

事隔一个世纪，我们忍不住要问，李夫人有什么病，她经历了什么？遗憾的是，无论是这些医师的事后回忆或是写给教会的医疗报告，都对莫氏所患何"病"一语带过，只说她病重。或许是因为李夫人的地位特殊，病情不能轻易成为医疗报告的内容。在细节不清的情形之下，李夫人究竟为何病重，后人众说纷纭：一说是难产，另一说是中风。关于此事的纪录，莫氏或是李鸿章的纪录也非常有限。但根据传教士医师的用字判断，难产似乎是比较合理的推测②。不论李夫人的疾病究竟为何，通过这层层隐晦的历史记载，我们可以探究李夫人的例子所显示出的医疗行为里的性别与身体政治（或是所谓的男女授受不亲）：李夫人因其身为夫人，即使有医疗的需求，也都必须遵循一套适合她的身体规范，除非万不得已，绝不能轻易让男医看诊而危及自己的名誉。

本文将从李夫人的例子出发，讨论在帝国主义扩张下医者与求医者的身体性别政治。我的主要问题是：在如此的性别身体规范之下，在西医与中国人接触的历史里，什么样的人（性别、阶级、文化背景）可以接触什么样的病人，或是什么样的病人的什么样的病（身体的部位）。这段历史里的人物有男有女，阶级有

---

① 可想而知，治愈李夫人这样的病人为这些西洋医生带来莫大的益处。李鸿章不仅为其夫人聘用了豪尔，马根济及尔文也都成为李鸿章的家庭医师。李夫人更是成为在天津的教会女医院的重要赞助者。李鸿章的年谱有谓，李鸿章自此之后俨然成为西医的信奉者与支持者，李鸿章之名也常为西医用来辩护。参见李书春. 清李文忠公鸿章年谱 [M]. 台北：商务印书馆，1978：30.

② 参见 NEGODAEFF-TOMSIK M. Honour due：the story of Dr. Leonora Howard King [M]. Ottawa：Canadia Medical Association，1999. 该书作者认为，"issue"一词的使用，暗示着李夫人是难产的例子。原文："They found the lady very ill—in a most critical condition, and at first do not seem to have been hopeful of a successful issue." 参见 BRYSON M I. John Kenneth Mackenzie：medical missionary to China [M]. New York & Chicago：Fleming B. Revel Company，1891：179.

高也有低，有中国人也有外国人（洋人）；疾病或是医疗需求方面则牵涉到不同身体部位的社会意义（例如，妇产科方面的问题与牙痛的差异）。而这些不同条件的组合都会影响医疗活动能否顺利进行。通过这个历史的分析与诠释，一方面我们可以看到，在一个医疗权威有待建立且医疗化有限的时代里，医疗实践（medical practice）不仅是众多的社会实践（social practice）中的一种，且需要处处与社会文化中既有的规范协商，甚至让步，与高度医疗化的今日有天壤之别。同时，我们也可以看到妇女对于不同身体部位的疾病有不同的态度。例如，妇产科方面的问题，大多数的妇女仍然倾向于求助女医师。就某个意义而言，今日中国台湾地区及日本妇产科内诊台所使用的那一块布帘，也是这个性别身体政治的一个产物，其差别在于，过去历史中的许多夫人小姐是宁死不愿给男医治疗的，而今日的妇女则是需要自己面对前往妇产科求诊的尴尬与不安。

身体的性别规范在中国大陆、台湾地区及其他亚洲地区由来已久。如梁其姿（Angela Ki Che Leung）指出的，宋代以来因为新儒家的影响，造成日趋严格的性别隔离（segregation of the sexes），使得女性医者及产婆有其必要性，但是在论述的层次，却又对于这些女性的医者有许多攻击，将其与蛇蝎比拟，告诫人们要严防此类女性进入家中。然而梁也指出，众多的证据显示，论述归论述，一直以来各地有许多相当活跃且成功的女性医者，且女性在家庭中往往可以决定向何人求医。到了明清时期，许多士绅阶级的女性拜家庭教育之赐，识字率增加，其中不乏成为女医者，甚至医书作者的[1]。

身体的性别规范对于医疗实作的诸多影响，是相当复杂而多面的，其中可能涉及男女医者之间的合作与竞争关系、女性医者的专业形成，及女性医疗使用者的身体经验。费侠莉（Charlotte Furth）的研究指出，由于性别身体区隔，宋代许多男医的妇产知

---

[1] LEUNG A K C, Women practicing medicine in premodern China [M] // ZURNDORFER H T. Chinese Women in the Imperial Past. Leiden: Brill Academic Publishers, 1999: 101 - 134. 关于此文，笔者感谢评审之一的提醒。

识，大多是来自产婆的二手转述而非亲身经验①。又如，古克礼
(Christopher Cullen) 以《金瓶梅》为例，间接观察到明代社会中
诸多不同的女医者（产婆、尼姑及各种婆）及其与女病人的关
系，分析其中女性病患倾向就医于女性医者的意义。例如，故事
中刘婆子是最受西门庆家中女眷们欢迎的一位女性医者，但西门
庆却视其为无知的老女人。古克礼认为，女性患者喜欢女医者，
除了性别规范之外，还包括女性病患常可依赖女医者为其保密，
尤其当有堕胎之事发生时，同性别的医病之间可形成共谋关系②。
莫斯古奇 (Ornella Moscucci) 研究英国妇科兴起的历史，则将此
放在男性妇产科医师与女医（或是产婆）的竞争关系上来讨论。
因为女性之间所共有的知识传统及性别政治，女性通常倾向寻求
女医与产婆的医疗协助，因此女医与产婆往往是男性妇产科医师
的劲敌③。另外，威尔森 (Adrian Wilson) 讨论英国男性妇产医师
（"man-midwife" 或是 "obstetrical surgeon"）兴起的历史时指出，
在 18 世纪以前妇女生产时，主要由传统的产婆（女性）来负责。
而 18 世纪上半期的男性妇产医师的兴起主要是因其处理难产
(difficult births)，也与女性文化 (female culture) 的历史变化有关
系。具体地来讲，威尔森所说的是传统女性文化的崩解及随之而
起的新女性文化，此文化的特色包括许多女性获得了识字写作能
力，及上层社会女性逐渐与其他阶层女性产生疏离，如生产的方
式。毋庸置疑地，性别身体规范也影响了男性产婆（或是妇产科
医师）的医疗实作④。莫兰兹-桑切斯 (Regina Morantz-Sanchez)
研究美国女医的历史时指出，性别的规范使早期女性医学生在求

---

① FURTH C. A flourishing Yin: gender in China's medical history, 960－1665 [M].
Berkeley: University of California Press, 1999: . 121. 另参见 FURTH C. Concepts of
pregnancy, childbirth, and infancy in Ch'ing Dynasty China [J]. Journal of Asian
Studies, 1987, 46 (1): 7－35.
② CULLEN C. Patients and healers in late imperial China: evidence from the Jinpingmei
[J]. History of Science, 1993 (31): 126－130.
③ MOSCUCCI O. The science of woman: gynaecology and gender in England, 1800－1929
[M]. New York: Cambrige University Press, 1990.
④ WILSON A. The making of man-midwifery: childbirth in England, 1660－1770 [M].
Cambridge: Harvard University Press, 1995: 49－52, 185－192.

学的过程中处处受限，在 19 世纪之前，她们只能前往欧洲求学。20 世纪之后，当那些传统上仅收男学生的医学院开始收女学生之后，她们仍然需要分班上课。但是，同样的性别规范，也使得女性医者较易受女人欢迎，使女医成为男医在医疗市场的竞争对手①。

在《亚细亚的新身体》一书中，傅大为认为由于男性医师很难接触到女性病人，所以台湾地区日本殖民统治时期的产婆及战后助产士可说是"殖民医学与妇女身体初次遭遇的防震护垫"。②也就是说，如果没有这些身为女性的产婆作为中介者，殖民医疗势必面临相当的阻碍，而傅文所谓的性别医疗史的大转换，大概也未必能如此地快速③。假使我们可以借用这个"防震护垫"的用词，那么清末以来半殖民脉络下的西医与中国妇女初次遭遇的防震护垫，则是许多西方女医及女传道士。

本文也探讨帝国主义与处于所谓半殖民状态的中国之间复杂关系的性别面向。西方帝国主义在 19 世纪的扩张，当然对中国造成莫大的冲击，但是中国本身的社会规范也对帝国社会具有实质的影响。在传教活动上，非西方社会中的妇女因为性别规范而"宁死不就男医"的状况，是西方国家各教会派遣女传教士医师到东方社会的重要背景。英国如此，美国也是如此。美国的女性教会运动中，为了号召更多的女医师加入传教士的行列，也为了强调女传道医师的重要性，因此"中国女人受习俗的束缚，不能接受男医师的治疗"的说法处处可见，李鸿章夫人的例子也往往可以派上用场，而这种说法也成为西方世界用来说明中国文明落伍的证明之一④。这可说是一种东方主义（Orientalism）的性别

---

① MORANTA-SANCHEZ R. Sympathy and science：women physicians in American medicine [M]. Chapel Hill：University of North Carolina Press, 2000 [1985].

② 傅大为. 亚细亚的新身体：性别、医疗、与近代台湾 [M]. 台北：群学出版有限公司，2005：23.

③ 或许有人会好奇，台湾地区汉族女性求医时，如何处理其性别困境，基本上，无论是日本殖民统治时期或是战后，一般妇女有许多的选择，未必要寻求西医的帮助。

④ 关于美国女性传教运动，参见 HILL P. The world their household：the American woman's foreign mission movement and cultural transformation, 1870 - 1920 [M]. Ann Arbor：University of Michigan Press, 1985. 美国女传教士到中国的研究，参见 HUNTER J. The gospel of gentility：American women missionaries in turn-of-the-century China [M]. New Haven：Yale University Press, 1984.

政治，也的确，在 19 世纪许多非西方脉络中，无论是殖民地或处于半殖民状态的中国，或多或少都被建构成落后野蛮而不文明的化外之地，而"受传统压迫的异教徒女性"是此一建构的重要内容，往往也成为崇奉帝国主义文明的使命（civilizing mission）与信仰民族主义的各国精英论述的重点。印度是其中一例，中国也有类似的情形①。无论如何，这些例子往往是用来作为非西方世界妇女受到压迫的证明，而这种说法也能召唤西方人对于非西方妇女的责任感，许多人因此以拯救者的姿态前往中国。除此之外，此一在帝国主义脉络之下所建构的文化差异（所谓非西方人竟然可以宁死不求医），同时也显现出西方医疗与当地文化之间的价值冲突。

关于帝国与殖民地的研究，过去主要集中讨论西方强势文化对于非西方国家造成的影响②。的确，在中国的西方女传教士，多多少少对中国妇女产生影响——她们因其传教工作而独立自主，且其中不乏单身者——对于中国妇女而言，意味着一种有别于传统中国女性生涯的可能性，而传教事业培育出中国第一代西式女医，如石美玉（1873—1954）、康成（1873—1931）、李碧珠（1878—1974）、金雅梅（1864—1934）等，成为近代史上首先出现在中国的新女性（new woman）③。然而，晚近这几年来，有许

---

① 关于美国女性传教文献中如何描绘非西方社会的女性，参见 BURMBERG J J. Zenanas and girlless villages: the ethnology of American evangelical women, 1870 - 1910 [J]. Journal of American History, 1982 (69): 347 - 371. 印度的例子，参见 LAL M. "The ignorance of women is the house of illness": gender, nationalism and health reform in colonial north India [M] //SUTPHEN M P, ANDREWS B. Medicine and colonial identity. London: Routledge, 2003: 14 - 40. LAL M. The politics of gender and medicine in colonial India: the countess of Dufferin's Fund, 1885 - 1888 [J]. Bulletin of the History of Medicine 1994 (68): 29 - 66. CHATTERJEE P. Colonialism, Nationalism, and Colonized women: the contest in India [J]. American Ethnologist, 1989, 16 (4): 622 - 633. 关于殖民的现代性，参见 BARLOW T E. Formations of colonial modernity in East Asia. Durham, London: Duke University Press, 1997: 1 - 20.
② 在女传教士方面，如 FLEMMING L A. Women's work for women: missionaries and social change in Asia [M]. Boulder: Westview Press, 1989. Hunter 则集中于讨论美国女传教士在中国的生涯，参见 HUNTER J. The gospel of gentility: American women missionaries in turn-of-the-century China [M]. New Haven: Yale University Press, 1984.
③ 关于女医所带来的机会，参见 TUCKER S. Opportunities for women: the （转下页）

多关于殖民主义的研究，纷纷指出殖民地本身的政治往往也反过来影响殖民母国内部的改变。例如，英国的女性传教运动中关于受苦受难的印度妇女的想象，间接造就了英国本地女性医疗的机构化与专业化①。而本文所关心的，正是这个对殖民帝国内部具有影响力的身体与性别政治，也就是所谓的不就男医的实作内涵。

中国女性及其异质性

在中国的传教活动基本遵循如此的性别规范：在中国的教堂往往需要在中间以布帘分隔空间，男女信徒各处一边，否则女信徒就无法参加礼拜。美国传教士鲍尔温（Charles C. Baldwin）在其回忆录中提到："在早期的传教工作中，有一个角落是以幕帘隔开房间里的其他人，少数女人会悄悄地进入这个空间。"② 而传教医疗也不例外，较具规模的医院，有区分男女病房的独立建筑物；规模小一点的，则是同一建筑物内以不同的楼层或是区域来分隔，有些医院的候诊室也需要有性别空间上的区分，有分隔男

（接上页）development of professional women's medicine at Canton, China, 1879 - 1901 [C]. Women's Studies International Forum 13, 1990 Fall: 357 - 368. A Mission for change in China: the Hackett Women's Medical Center of Canton, China, 1900 - 1930 [M] // FLEMMING L A. Women's work for women: missionaries and social change in Asia [M]. Boulder: Westview Press, 1989: 137 - 157. 关于早期中国西式女医，参见 SHEMO C A. The Chinese medical ministries of Kang Cheng and Shi Meiyu, 1872 - 1937: on a cross-cultural frontier of gender, race, and nation. Lehigh University Press, 2011. WANG H. Stranger bodies: women, gender and missionary medicine in China, 1870s - 1930s [J]. Australian Journal of Advanced Nursing, 2008, 25（3）: 95 - 105. 当然，更早也有人将反缠足运动归功于传教士及西方女性，如 DRUCKER A R. The influence of western women on the anti-footbinding movement [J]. Historical Reflections, 1981（8）: 179 - 199. 不过这样的观点已受到批评。关于中国的新女性（New Woman）参见 YING H. Tales of translation: composing the new woman in China, 1898 - 1918 [M]. Stanford: Stanford University Press, 2000.

① BURTON A. Contesting the zenana: the mission to make "lady doctors for India", 1874 - 1885 [J]. Journal of British Studies 1996, 35（3）: 368 - 397.

② TUCKER E B. The healer among Chinese women [J]. Life and Light, 1919, 49（5）: 215 - 222. BALDWIN C C. The foochow mission, 1847 - 1905 [M]. Boston: American Board of Commissioner for Foreign Missions, 1905: 1 - 5.

女病人的候诊室。

除了空间之外，男女的行动力也受性别规范的左右。男人可以外出，女人则被局限在家内。美国长老教派传教士约翰·尼维思（John Nevius）的太太海伦·尼维思（Helen Nevius）于 1853年抵达宁波。她观察到，中国女性被局限于她们自身的住处，只有当她们要去寺庙时，才可以踏出门外。她写道："虽然较上层阶级的中国女性很少在街上或是在公开场合中出现，人们倒是可以经常在寺庙中遇见她们。"[①] 因此，有许多传教士抱怨，中国妇女几乎不可能加入公共事务的行列[②]。

医疗实作牵涉到身体的接触，更是受制于性别规范。对于许多西方人而言，的确有很多中国女人是"宁死"也不要给男医看，更不用说洋男医了，而这并不仅止于言说或论述的层次。从传教士的活动纪录（包括日记、书信、报告、回忆录等）中可见，拒医的夫人小姐的例子并不在少数。例如，一位女传道士即写道："前几天我去拜访一位官夫人，她长了一个瘤。我拜托她去找我们的医生（是个绅士），她说什么也不要。还问我说知不知道她哪里可以找到一个女医生。"类似的例子处处可见[③]。

但是，宁死不给男医看诊的妇女仅是众多中国妇女中的一类，换句话说，并不是每个中国妇女都遵循李夫人所遵循的身体规范（或是所谓的礼教）。这一点我们可以从众多传教士医师的报告中得到证实。例如，美国传道医师帕克（Peter Parker）的第一个病人即是一位失明而又穷困的女性，而那是早在 17 世纪 30年代帕克抵达中国（广州）之初[④]。而且，这位失明的女性并不是帕克唯一的女病人；事实上，帕克在中国行医的生涯中约有四

① NEVIUS H S. Our life in China [M]. New York: Robert Carter and Brothers, 1881: 57 -
   58.
② CRAWFORD M F. Report from the Bible readers, Teng - chou, China [J]. Missionary
   Link, 1869 (11): p. 14.
③ A Private letter from Mrs. G. John（私人信件摘要）[J]. Missionary Link, 1886 (17):
   13.
④ 关于帕克的事迹参见 GULICK E V. Peter Parker and the opening of China [M].
   Cambridge, Mass.: Harvard University Press, 1973

分之一的病人是妇女①。帕克的经验也不是一个少数的特例，教会医疗的主要期刊（*China Medical Missionary Journal*）中也处处可见医治女病人的男性传教士医师②。不过，我们不能假设中国女人只有李夫人跟贫苦潦倒的女盲人两种。事实上，有许许多多的妇女是介于这两者之间的，这些处于中间地带的妇女还是愿意尽可能地遵循着一些性别规范，即使她们可能不像李夫人一般要等到生命危急了才勉强让步。

李夫人当然是不会出门到诊所或是医院看医生的，一方面当然是她可以请得起医生到府出诊，另外一方面对于有身份地位的夫人而言，在公共空间露面这种事情是很要不得的。然而，我们可以发现，的确有许多所谓的良家妇女可以到传教士的诊所去，特别是那一些可以在大街上出现的妇女，不过，这类妇女虽然可以在大街上露面，还是会避免与男病人或是一些她们所不屑为伍的分子（例如比她们地位低下者）"杂处"于一室。

对于那些需要小心谨慎地维持名声的女性，包括官夫人小姐或是士绅阶级的妇女，给男医师看病并不是绝对不可能的，但是她们通常有许多方式来确保行为的合宜性。在台湾地区行医的传教士蓝戴维（David Landsborough）就说："如果病人是一个有身份的女人，他就不得直接看她。通常会有另一个女人伴随着医生进入病人的房间，而病人则躺在丝质的蚊帐里。"也有的例子是，医生问诊时是透过女仆人来传递问题与答案。也就是说，男医生只能隔着一层媒介来间接看女病人，不管这个媒介是年长的女仆人还是蚊帐，或是两者并用。在传统中国社会中，有一些更讲究的人家会利用看病用的人偶（medicine doll）作为病人身体的替代品，病人指着此一人体模型的部位来指出自己的病痛所在，但是目前为止，笔者尚未观察到传教士中有人曾经接触过

① TUCKER S. Canton hospital and medicine in nineteenth century China [D]. Bloomington: Indiana University, 1982: 15 - 41.

② Hospital Reports—July 1890 - July 1891 [J]. China Medical Missionary Journal (CMMJ) 1891 (4): 253. "China Medical Missionary Journal" 自 1907 之后改名为" China Medical Journal (CMJ)"，以下本文分别以 CMMJ 及 CMJ 代表。

这一种方式①。总之,这种种措施与中国历年来医者的行为准则,其原则是一致的。

帕克的女病人与李夫人分属于不同的阶级,阶级的差异左右了医疗时的方式。作为一种性别规范,其实有其阶级差异;大致上而言,礼教主要适用于夫人小姐,下层妇女则较少遵循。如此的差异显示着中国社会里的阶级与性别的复杂性,同时显示美国妇女传教运动文宣中所塑造的受苦受难的中国妇女的形象的局限。传教文献中,尤其是那些用以募款及宣传的文宣,很少呈现中国女人之间的差异,仿佛所有中国女人都必须遵循这一套有碍求医的规范。如此一来,中国女人与她们的异教徒式的礼教规范成了中国女人需要女医生最有力的理由,而为妇女所开设的传道诊所或医院也是基于同样的理由而渐渐出现。讽刺的是,西洋传道医师所接触的妇女,下层社会者居多,而这些人所受的礼教规范并不如夫人小姐来得严格。

在传道医疗的早期历史中,特别是 17 世纪 70 年代到 18 世纪 20 年代之间,不仅医生的性别可以左右他们可以看的病人(性别),医院或诊所也有同样的区分,虽然程度不一。有许多医院诊所在名称上即标明了病人的性别,以兹区隔;男女兼收者则是透过男女候诊室的区隔,有些则是不同栋建筑物的区分,少数是透过看诊时间来做性别的区隔(男女病人的看诊时间不同)。我们可以从这样的人与空间的性别区隔,清楚地看到性别政治的社会运作与其复杂性。以下我们将仔细地从医生、病人及医疗空间之间互动的各种不同情境来讨论。

西洋女医及其礼教豁免权

来自西方的女传教士医生大概是限制最少的一方。她们可以看夫人小姐们,且无须透过一层神秘的帷幕或是女仆人,而她们的女病人也不止于夫人小姐,还包括一般妇女。上面提到的

---

① VEITH I. The history of medicine dolls and foot-binding in China [J]. Clio Medica, 1980, 14 (3 - 4): 255 - 267.

医治李鸿章夫人的豪尔，也医治其他名不见经传的女人，而依莉萨白·瑞福许乃德（Elizabeth Reifsnyder，1858—1922）的病人中，包括伍廷芳夫人（伍为知名外交官）及众多其他妇女①。看夫人小姐与看一般妇女的主要差异之一是医疗空间：看夫人小姐大都是医生到府出诊，而一般妇女（除非病情严重无行动力）则大都前往这些女传道士所经营的教会诊所或医院求医。大部分女传道医师均建立了以服务中国妇女为主的医院或诊所，而这些医院所在地包括各主要沿海通商口（上海、福州、九江、广州、天津）及其他沿海的都市城镇（如北京、福建的闽清及仙游）②。

虽然这些外国女医所经营的医院是以妇女（及十二岁以下的男孩）为对象，但是许多男病人也会由家中的妇女陪同而来求医。瑞福许乃德就曾抱怨，许多中国妇女以为，只要她们带着家里的男人一起就医，这些男人就理当有资格接受女医生的治疗。不过，瑞福许乃德坚持，夫与妇或男与女之间还是需要有所区分（the line must be drawn somewhere），即使她常常被迫得男女皆看③。事实上，玛丽·博尔腾（Mary Fulton，1926 卒）甚至表示，她必须要坚守拒看男病人的原则，否则许多好人家的妇女就不会前来就医了④。这意味着对于那些所谓好人家的妇女而言，不仅医生的性别很重要，医疗空间里的其他病人也是考虑的因素；她们通常不愿与其他男人处于同一候诊室内。我们从这些女医的做法中，可以看见她们为了能够确保妇女病人不流失而努力遵循中国习俗。

---

① REIFSNYDER E. MCP Hahnemann University Archives and Special Collections, PA biographical account, file name: MS 167.
② 关于女医及她们的医疗事业，请参考我的博士论文。
③ REIFSNYDER E. Methods of dispensary work（Read before the Medical Missionary Association of Shanghai，April 5th，1887）　［J］. CMMJ 1887, 1（2）: 67 - 69. REIFSNYDER E. China—Shanghai: a year's record of medical work［J］. Missionary Link, 1887（18）: 2.
④ REIFSNYDER E. China—Shanghai: a year's record of medical work［J］. Missionary Link, 1887（18）: 2. Discussion followed after the paper by MACKLIN W E. Itinerant Medical Work［J］. CMMJ, 1890（4）: 148.

那为什么这些男病人竟然可以去看女医呢?难道女医们没有维持名声的考虑吗?事实上,外国女医的身份使她们有某种程度的性别身体规范的豁免权。也就是说,外国人不见得要遵循中国当地人的规范。简单来讲,所谓清白问题对于外国女人似乎不是个大问题①。(但是在美国国内的情形则不然,在美国的女性相当程度上仍然需要遵守一些既定的文化规范②。)相较之下,外国男医的情况就明显不同。作为男人,男医通常是危及他人(女人)名誉者,所以他们所能看的病人即有性别阶级的限制,而外国女医作为名誉可能被危及者,却没有中国女人的问题。事实上,也有外国女医是男女病人皆收者,例如在福建仙游的埃玛·毕陀(Emma J. Betow)就是一例③。

对于女病人而言,一个医疗场所有无其他女性,无论其是否为医疗人员,都具有相当的重要性。因此,在男医的诊所或医院中,女性相关传道工作者(尤其是医师的妻子)的存在,往往可以增加女病人前来就医的意愿。詹姆士·英格(James Ingram)就认为在他的医院里,他的妻子很受女病人的欢迎④。查尔斯·路易斯(Charles Lewis)的妻子(Cora Savige Lewis)也扮演了类似的角色,她特别可以跟好人家的妇女(women of the better homes)有所接触⑤。一个看女病人的医院若是没有了女医,为求合宜,甚至没有医疗背景的女性(通常是传道人员)也会承担起

---

① 在中国妇女眼里,西洋女性的出现往往挑战了既有的性别想象。西洋女性行走时的大步伐、衣着打扮、四处行动及她们的大脚,实在都令中国人困惑。许多女传教士在中国常常被好奇的中国人问起她们为何行为如此特异,偶尔甚至被误认为是男性。关于这个现象的讨论,参见 WANG H. Stranger bodies: women, gender and missionary medicine in China, 1870s - 1930s [J]. Australian Journal of Advanced Nursing, 2008, 25 (3): 95 - 105.

② MORANTA-SANCHEZ R. Women and the profession: the doctor as a lady [M] // MORANTA-SANCHEZ R. Sympathy and science: women physicians in American medicine. New York: Oxford University Press, 1985: 90 - 143.

③ BETOW E J. United Methodist Church Archive, GCAH. 传记档案。REIFSNYDER E. China— Shanghai, Increase of Work [J]. Missionary Link, 1887 (29): 8.

④ INGRAM J T. Tung-cho Hospital and dispensary [J]. Life and Light for Heathen Woman, 1896, 26 (9): 401 - 404.

⑤ SPEER R E. "Lu Taifu," Charles Lewis, M. D.: a pioneer surgeon in China [M]. New York: The Board of Foreign Missions Presbyterian Church in the U. S. A., 1934: 61.

女病人的医疗工作①。虽然每个传道医师实作的细节与程度有别，但通常专看妇女的女医院都是由女医负责，而男医院则由男医负责。不过，偶尔也有少数例外，例如 1896 年的满洲妇女医院，只有男医格瑞一人，但是格瑞太太是医院里的助手，显然可以弥补没有女医的缺失②。以 1881 年南京的美以美教会医院（Philander Smith Memorial Hospital）为例，虽然两位医生都是男性，但该医院是男女兼收的，不过在门诊病人的性别分布上，男病人是女病人的三倍以上，住院病人方面男病人则将近女病人的十倍，显示了医生及病人性别的重要性。而这些女病人中，大部分都是一般性的病痛，只有少数是妇产方面的问题③。

同理，因为一般而言女性传教士比较容易接近中国女性，所以女性传道人员的重要性可以借此凸显出来。美国传道士沃克（J. E. Walker）于 19 世纪 80 年代末期在福州传教，他即意识到了他太太以及其他传教士太太工作的重要性，虽然其团队因此需要花费双倍的时间与金钱。沃克指出，当他跟着他的家人一起出现时："这样的（家庭）方式较容易有机会接近一般百姓。"④ 沃克当然是为了使他传道时的花费正当化而有此一说，但是也不无道理。在一个反教事件频传的时代，单身男传道士所引发的疑虑与敌意势必远超过有家眷的男传道士，因为前者更容易被视为外来的侵入者。

产科与妇科的问题

妇产科方面的疾病是最受到礼教规范的问题。美国女传教士

① Hospital Reports [J]. CMMJ, 1896, 10 (1): . 59 - 61.
② 例如，格瑞医生（Dr. Gray）是满洲妇女医院（Women's Hospital in Manchuria）的医生，而他的太太则为其助手。GRAY M J. Women's hospital in Manchuria [J]. Woman's work in the Far East, 1896 (1): 66 - 67.
③ BEEBE R. Second annual report of the Philander Smith Memorial Hospital [R]. Nanking, 1888: 15, 19 - 21 (from the United Methodist Church Archives—GCAH, Madison, New Jersey). SPEER R E. "Lu Taifu," Charles Lewis, M. D.: a pioneer surgeon in China [M]. New York: The Board of Foreign Missions Presbyterian Church in the U. S. A., 1934: 48.
④ WALKER J E. Letter to Rev. Judson Smith D. D., Secretary of the A. B. C. F. M., Dated April 6 1889. Papers of the American Board of Commissioners for Foreign Missions, Harvard Houghton Library, Microfilm Reel # 235.

医生玛莉·布朗（Mary Brown）就说："的确有许多中国女人会找男医生，然而事实上他们仍旧有不能治疗的范围①"。或许读者会质疑，布朗此言与上述提到有许多中国女人宁死不就男医的状况是否矛盾？此一落差是许多社会因素所构成的，尤其是阶级身份、年龄及疾病所涉及的身体部位。上面提到，在传教士宣传或募款用的文献中，建构了一个中国女人保守的形象，但这类文献鲜有提及中国妇女的异质性。我们唯有细读传教士们的医院报告及未发行的其他教会报告，才能发现这样的异质性。

毋庸置疑地，此处"不能治疗的范围"是指妇产科的问题。如上述，女传教士要接触中国女人的确比较容易。但这并不意味着女医就能够毫无困难地进行身体检查，然后诊断妇科问题。事实上，许多中国女人根本就拒绝接受内诊，相关手术就更不用说了②。不过，在某些少数的例子中，这样的规范源自中西异国文化交汇之下西方女传教士的预设。美国女子医学会（American Medical Women's Association）的首任会长贝莎·凡湖森（Bertha Van Hoosen）在她的书中，记载了她在20世纪初期的亚洲之旅，其中有一则描述了她与女传教士医师爱玛·马丁（Emma Martin）为一位中国女人看诊的故事。故事中，这位中国女人从头到尾不断大笑。马丁的诊断是阴道分泌异常，但她并未施予任何检查。此一现象引起凡湖森的疑惑，而询问马丁何以如此？马丁的答案是："这是她第一次见到一位外国人或是女医师，我想这一次我已经做得够多了。接下来两三天，她会不断地提起这件事情，还会告诉人们我们有多好笑③"。言下之意，看见一个"外国女医"这件事已经够这个病人瞧了，如果要进行一般视为有其必要性的内诊，那恐怕就太过了。

女医生在妇产科方面的确是比较容易被接受的，但也有男传教士医生在产科（接生）的案例。一位在福建省的男传教士亨利·惠特尼（Henry T. Whitney）就说，在1891年他所治疗的

① BROWN M. The training of native women as physicians [C] //Records of the Second Shantung Missionary Conference at Wei-Hien. Shanghai: Presbyterian Mission Press, 1898: 91-97.
② STEWART A L, E S. Gynecological practice in China [J]. CMJ, 1980, 22 (3): 145.
③ VAN HOOSEN B. Petticoat surgeon [M]. Chicago: Pellegrini & Cudahy, 1947: 234.

4 501个病人中，有 10 个是产科的案例，特别是那些难产的案例①。根据他的估算，从 1870 年第一位传教士抵达至 1897 年之间，有 291 000 个案例是由隶属于 ABCFM（American Board of Commissioner for Foreign Mission）的医生所治疗，其中产科案例有 200 件，一半是属于妇女医疗工作，也就是由女医生来接生。换句话说，另一半是由男医生接生的。又如，詹姆士·尼尔（James Boyd Neal）等男医，也有产科的案例。尼尔是美国长老教派的传教士，曾经治疗一个因为胎死腹中长达三个月之久而导致阴道闭锁的特殊案例。为了治疗这个妇女，尼尔必须切开一个开口，好让他的手指进入阴道，他很惊讶地发现了一个已经死亡许久的足月胎儿②。尼尔的例子很特别，因为在当时即使是由女人来进行阴道检查，很多妇女仍然不见得愿意接受，更何况由一个男医来处理阴道的问题。而这个例子之所以可能，背后有许多因素，特别重要的是，病人的社会地位与病痛的严重性。尼尔这位病人的丈夫是士兵，属于下层阶级，且其妻不知胎死腹中而腹部剧痛多日，最后抱着"反正死期已不远"的态度而接受尼尔的治疗。虽然惠特尼并未特别区分他所接触的产科病人的社会背景，但依据年度报告的上下文来看，她们非常有可能来自较下层阶级。

除了社会背景之外，女人的年龄也会影响是否适合进行阴道检查的程度。在山东卫县（Wen Hien）的一位女性传教士玛莉·布朗（Mary Brown）发现："年老女人比较不拘泥于规范，但年轻女人相当受习俗与偏见所限制，产科的例子常常反映这种情况③"。我们也可在传教士的外科手术案例的报告中，发现进一步的证据：年轻女人通常会找女医师来做产科和妇科手术，而年老女人似乎就不见得如此。阿格尼丝·史都华（Agnes L. Stewart）在 1908 年发表了一篇题为《在中国的妇科》的文章，其中所提

---

① WHITNEY H T. Seven more years of medical missionary work [J]. CMMJ, 1897, 11 (2): 95.

② NEAL J B. Imperforate vagina—craniotomy [J]. CMMJ, 1889, 3 (4): 155 - 157.

③ BROWN M. The training of native women as physicians [C] //Records of the Second Shantung Missionary Conference at Wei-Hien. Shanghai: Presbyterian Mission Press, 1898: 91 - 97.

及的三位女病人，年龄分别为 18、21 和 21 岁。赛西尔·戴凡波特（Cecil J. Davenport）也撰写了一篇类似上述史都华的文章，题为《子宫肌瘤、卵巢囊肿》。与史都华的病人形成对比的是，戴凡波特在上海的三个病人皆超过 40 岁。第三份由罗伯·布斯（Robert T. Booth）提出的《有 60 磅液体的巨大卵巢肿瘤》报告中，提及的病人是 45 岁①。此外，两位在福建仙游的女传教士弗朗西斯·椎波（Frances L. Draper）与埃玛·毕陀的另一份公开报告，也显示报告的三位案例都是二十几岁左右的年轻女性②。

产科的特殊性，除了其与礼教规范的紧密关系之外，处理生产也同时被视为是低贱的。在传教士的眼里，那些从事接生工作的人被贬抑为"极为无知、迷信的阶级，或是污秽的老女人"。③ 这类污名化产婆的说法，在传教文献与医疗传教文献中可以说比比皆是④。

然而值得注意的是，受过西医训练的中国女医往往也成为接生的产科医生，而医疗传教女性也常常为许多中国妇女接生。不过，她们的医疗报告通常写得相当含蓄，并且使用许多如："女人的毛病"或"疾病"等暧昧的词汇。如本文一开头所讨论的，李夫人的例子未有详细明确的记录。虽然，在李鸿章的纪事中，的确指出李夫人在治疗后生了一个儿子。当康成（Ida Kahn）成功地为一个难产的妇女接生之后，新闻记载则道"周藩台之媳临产时，身患重病，子久不下，遍求名医，无能为力，女士投药一剂，登时病愈，子下，神乎〔其〕技矣。"⑤ 虽然明确道出是难

① STEWART A L, E S. Gynecological practice in China [J]. CMJ, 1980, 22 (3): 145 - 150. DAVENPORT C J. Uterine fibroids, ovarian cyst [J]. CMJ, 1908, 22 (3): 150 - 153. BOOTH R T. Large ovarian tumor, with 60 lbs. of fluid [J]. CMJ, 1908, 22 (3): 154 - 155.
② DRAPER F L, BETOW E L. Hospital in-cases at Sing Iu [J]. CMJ, 1910, 24 (3): 26.
③ BROWN M. The training of native women as physicians [C] //Records of the Second Shantung Missionary Conference at Wei-Hien. Shanghai: Presbyterian Mission Press, 1898: 92. 另参见 Report of the medical work of the W. Z. M. S. of the M. E. Church. Chinkiang, China, 1889 - 1891 [J]. CMMJ, 1891, 5 (4): 251.
④ 关于近代历史中产婆的污名化及其性别政治的一个细腻的研究，参见傅大为. 亚细亚的新身体：性别、医疗、与近代台湾 [M]. 台北：群学出版有限公司, 2005: 81 - 152.
⑤ 康女士之神技 [N]. 警钟日报, 1904 - 10 - 22. 此处引自李又宁，张玉法. 近代中国女权运动史料, 1842—1911 [M]. 台北：龙文出版社股份有限公司, 1995: 1375.

产，但也仅点到为止。

不过，接生这件事无论如何是不能透过女仆人或蚊帐来间接处理的；"治疗"产科或是接生，就必然会直接碰触女人的身体，这使得人们抗拒男医。李鸿章的尴尬处境由此可见——他面临一个困难的抉择：要冒着不合体统而丧失颜面的风险（来救命），还是要让夫人等死。更何况，"救命"仅仅是个可能性，除非成功，不然就不值得。但是，话说回来，李鸿章自己作为一个熟悉西洋事物者，较能接受洋医。不过，并非每个中国人都有李鸿章的条件。

对于中国人而言，医疗传教士和其技术均是很陌生的，而唯有那些被传统产婆视为毫无希望而放弃的难产，才有可能由洋医（有时甚至是男医生）来接手。这类难产记录在《中国医疗传教士期刊》(China Medical Missionary Journal) 中并不罕见①。"众所皆知的是，人们很少在难产时就找洋医，而是一直要到所有的办法都用尽了，并且产妇已经有生命的危险时，才会找他们。这里所指的办法，包含去找那些毫无用处、不理性而无知的女人，她们的方法一点用处也没有。"② 凯特·伍德哈（Kate Woodhull）在她抵达福州后立刻开始接生。她发现："我最常被叫来处理产科案例，并且通常是需要外科手术的难产例子。"③ 1892 年，爱德华·布里丝（Edward Bliss）在一抵达福建邵武后，就治疗了一个胎儿水脑的产科案例，在妇人丈夫的同意下，他压

---

① Report of the medical work of the W. Z. M. S. of the M. E. Church. Chinkiang, China, 1889 - 1891 [J]. CMMJ, 1891, 5 (4): 251. 另外，如 "病人已经生了三天了，在我还没到之前，她就已经精疲力竭了"。PEAKE E C. A case of Caesarian section presenting unusual difficulties [J]. CMMJ, 1919, 33 (1): 30. 又如 "1890 年 2 月 22 日，我被请去处理一个胎儿脑水肿的状况，产妇已经生了四天，几乎就快要不行了"。THOMSON J C. Surgery in China [J]. CMMJ, 1893, 6 (2): 72.

② Report of the medical work of the W. Z. M. S. of the M. E. Church. Chinkiang, China, 1889 - 1891 [J]. CMMJ, 1891, 5 (4): 251.

③ WOODHULL K. Letter to the editor (dated March 14 1889) [J]. CMMJ, 1889, 2: 79. 乔瑟夫·汤姆士可说是个例外。他对于中国本地的妇产，至少可以说是暧昧的，他说："在妇产方面我们同时可以看到很高超的跟很可笑的例子，不过无知的情形还是很普遍的。"但是如此的说法引来了一位女医（Mary Haslep）的质疑，她说："敢请教汤姆士医师是根据什么来说在某些妇产方面中国比我们进步？"参见 THOMSON J C. Native practice and practitioners [J]. CMMJ, 1890, 4 (2): 187 - 188, 196.

碎婴儿的头盖骨之后，将死婴取出①。

　　一般而言，男洋医传教士很少被视为是处理产科（与妇科）的适当人选，而且男医师与棘手的产科案例简直是致命的组合②。要不是冒着用男医师而触犯社会规范的风险，要不是死得循规蹈矩。事实上，有不少人选择了后者。于此，西方人经常嗤之以鼻，并视之为无知落后。然而，相对于寡妇自杀以保全其贞洁而言，拒绝接受男性的治疗对于中国人而言，或许是很合理且理所当然的。例如，一位在中国内陆行医的传教士霍瑞司·蓝道（Horace A. Randle）提到一个难产的案例，其中产婆已经将胎儿的脚拉出来，但胎儿却出不来。蓝道向那位前来求救的男人说："这是没有药可以医的。唯一的办法，就是我带一位助手去，并且麻醉那个女人，然后把小孩生出来。"那个男人说道："什么？你自己接生小孩？"医生再三保证已经没有其他方法可行后，男人回说："这是万万不可的，这个女人即使会死，也绝不能由男人来帮她接生。"③ 对于那些志在拯救生命的医疗传教士而言，这种将社会礼教规范放置在生命之前的做法，简直是极端荒谬而残酷的，难怪此例以"中国的野蛮"（Chinese Barbarity）为题。

　　为了要说明中国礼教规范的"不理性"，以及中国产科医疗的落后，传教士们往往乐于描写那些悲惨的下场。赛西尔·戴凡波特（Cecil J. Davenport）当时即报告了以下案例。他说道："在一个多月前，我被当地的一位女传教士请求，协助她处理一个拖了很长时间的生产。那位病患是地方官员的第三个太太，当时十

---

① BLISS E. Beyond the stone arches: an American missionary doctor in China, 1892 - 1932 [M]. New York: John Wiley & Sons, 2000: 48 - 53.

② 17 世纪的欧洲有所谓的男产科医生或是男产婆（man midwife）的出现，当然大部分生产还是由产婆来处理，当男产婆开始得到接受时，也大多是处理难产的例子。参见 MOSCUCCI O. The science of woman: gynaecology and gender in England, 1800 - 1929 [M]. New York: Cambrige University Press, 1990. WILSON A. The making of man-midwifery: childbirth in England, 1660 - 1770 [M]. Cambridge: Harvard University Press, 1995.

③ RANDLE H. Chinese Barbarity [J]. CMMJ, 1896, 10 (2): 173. 最初发表于 "Medical Missionary Record"。遗憾的是，我们无法从作者的叙述来明确判断这个前来求医者的社会背景。

八岁，已经生了三天了。而我猜测所有本地的技艺已经用尽，他们才转而找外国人。我发现那位可怜的年轻女子，初次怀孕非常虚弱，且受到极度折磨，大概已经试过许多人的方法了……"①很明显地，病人的家庭是在用尽本地的产婆却徒劳的状况下，才企图尝试用那些根本不是医生的外国女人，以此为下策，而不是去请一位男性洋医。因为这些外国女性没有使用药物，一位本土医师被请来开处方，因而造成了外国人的退出，以避免为不好的后果负责任。

戴凡波特也揭示了他仅处理过两个产科案例，虽然并不清楚他花费多久时间治疗她们。但是这再一次点出了洋医与中国病人关系性别化的身体政治。对于中国女人而言，当然优先找本地产婆，接着是外国女医师，而后才是外国男医生（下下策）。也难怪，医疗传教士将他们眼中"无知而卑劣的本地老产婆"视为首要敌人，指控她们未经训练的措施带来诸多的危险。在南京的乔瑟夫·汤姆士（Joseph Thomas）将高生产死亡率归因于产婆"爱管闲事的介入"。他在 1890 年写道："在中国死亡率，生产案例估计占其中的百分之八。若是一年有五百万的生产案例，就有四十万的人在生产当中死亡。"②

在西医的体系之下，那些所谓"肮脏的老女人"将由受过现代训练的女医生与护士来取代，所以产科仍是属于女性的工作。正是因为这个性别的原因，医疗传教士在训练女性医学生时经常强调产科，例如玛莉·傅尔腾在广东的夏葛女医学校，以及石美玉（Mary Stone）在江西九江的护理训练学校。

"女人的事由女人来做"（Woman's work for woman）的想法，并不全然是西方人的偏见。事实上，它是西方医疗传教士与中国社会规范之间妥协下的产物，而中国方面在许多层面上反映了此规范。民国初年，中国政府即鼓励拿到公费奖学金的女性医学生专攻妇科与产科。根据杨步伟的回忆，她于 20 世纪 20 年代前往日本攻读医学，可说是第一代习医的日本女留学生，当

① DAVENPORT C J. Correspondence [j]. CMMJ, 1891, 5 (3): 186.
② THOMSON J C. Native practice and practitioners [J]. CMMJ, 1890, 4 (2): 189.

时她的兴趣虽是内科，但中国政府命令所有拿到政府奖学金的女医学生专攻妇科与产科①。事实上，不论有没有拿到奖学金，中国女医学生仍持续专攻这两个领域。例如：周光湖（Elizabeth Chou，笔名 Han Suyin）也于 20 世纪 30 年代在英国攻读产科②。又根据 1938 年福州（Willis F. Pierce Memorial Hospital）的年度报告，当时的 17 个医生中有 7 个是产科医师，并且 7 个全都是女性③。甚至在 20 世纪 30 年代的台湾，有些女医师虽然不专妇产科，但迫于妇女的需求而开始了妇产的业务，如陈石满医师，原为眼科医师，后来因为病人的需求而促其开设的呈祥医院增加了妇产科④。不过，从 20 世纪 20 年代开始，我们可以看见开始有男性进入产科与妇科，尤其在都会区的教学医院当中。例如，伦道夫·席德（Randolph Shields）即是苏州的联合医学学校的妇产科部门的主管⑤。除此之外，男性医学生也可以学习妇科⑥。

结论：性别规范与半殖民医疗

近代以来的许多社会，无论是亚洲或是英美各国，大都经历过性别区隔（separate spheres）的时代，即所谓的男主外女主内或是公私领域的划分，而身体的性别政治是此一社会安排的重要面向。本文所讨论的"宁死不就男医"即为一例。"宁死不就男医"的性别身体政治，亦是建立在阶级（或身份地位）之上的身体政治。简而言之，它主要是针对夫人小姐的性别规

① CHAO B Y. Autobiography of a Chinese woman [M]. New York：John Day Company, 1947）；Put into English by her Husband, Yuenren Chao], p. 146.

② "Elizabeth Chou" 即周光湖，以韩素音（Han Suyin）为笔名，发表了许多小说，包括 "Destination Chungking"（1942）及 "A Many Splendoured Thing"（1942）。

③ Annual Report of the Willis F. Memorial Hospital, 1937‐1938 [R]. Fuzhou, 1939：15‐16.

④ 游鉴明. 走过两个时代的台湾职业妇女访问纪录 [M]. 台北："中央研究院" 近代史研究所，1994：233.

⑤ TOWNSEND M. Shanghai [M]. New York：Carleton Press, 1962：30.

⑥ POLK-PETERS E. Autobiographical Sketch. 405‐409.

范①。所谓"男女授受不亲",其所适用的范围主要是上层社会中的男女,各有其规范。换言之,这样的性别规范也同时是一种阶级的规范,性别与阶级两者互相生成。

在19世纪70年代到20世纪30年代期间,因为性别规范与身体政治,许多妇女不能直接让男医看诊,而许多下层阶级的女性较不受此限。萨默(Matthew Sommer)在其关于清朝律法中与性相关的犯罪的精彩研究里提到,清朝律法的革新(特别是在18世纪时),关于性(sexuality)的规范原则有个重大的转变,亦即,从一个以身份位置(status performance)为主(不同身份者有其特定的性道德规范),转为以性别(gender performance)为主(在性的规范与犯罪上使用同一标准,且所有人均需遵循一套以婚姻为主的性别角色)②。也就是说,在性的律法规范中,我们可以看到一种相当统一的性别实践。而我在这里所讨论的医疗活动中的性别与身体政治,似乎仍然与身份地位有密切关系。

遵循这样的性别规范不仅止于医疗活动,还包括传教活动(教堂往往需要以布帘分隔男女空间)、女学的师生关系,以及男女的行动力也受性别规范的左右。本文讨论的种种现象意味着,传道活动深受中国性别规范的影响。而此正可以呼应我在文章开头时所讨论的一个重点——殖民地的性别政治如何影响西方帝国的性别政治:也就是说,中国的夫人小姐们的矜持成了许多西方女性得以理直气壮地到中国传教的具体原因,其中女医更是重要的一群。我们或者也可以说,中国女人的"苦难"成就了西方女医的东方事业。换言之,西方传道士对于中国性别规范的敏感与积极的介入,是一种帝国主义的性别政治,而此一方面间接正当化了西方势力进入中国,另外一方面也成就了许多女传教士在

---

① WELTER B. The cult of true womanhood: 1820 - 1860 [J]. American Quarterly, 1966, 18 (2): 151 - 174. also WELTER B. Dimity convictions: the American woman in the nineteenth century [M]. Athens: Ohio University Press, 1976: 21 - 41. ROBERTS M L. True womanhood revisited [J]. Journal of Women's History, 2002, 14 (1): 150 - 155. KERBER L. Separate spheres, female worlds, woman's place: the rhetoric of women's history, [J]. The Journal of American History, 1988, 75 (1): 9 - 39.

② SOMMER M H. Sex, law and society in late imperial China [M]. Stanford: Stanford University Press, 2000: 5.

非西方国家的事业生涯①，而中国早期西式女医（如康成、石美玉等）的出现也是延续这样的发展。这是西洋医学传入中国不可忽略的一个方面。

尤其值得注意的是外国（西洋）妇女在中国所享有的性别规范的豁免权，她们不仅可以诊治女病人，也可以诊治男病人（男学生）。在我所阅读的许多女传教士医师的自传及书信中，不少人提到，身为在中国的西方女性，她们的性别身份与一般中国妇女有显著的差异，因其穿着与其他中国女性不同，有少数甚至被误以为是男性②。身为外国人在中国，她们无须遵循许多性别规范，加上西方社会中对于女性进入医界的种种不利条件，使得许多西方女性得以在非西方世界中发展事业。相对之下，中国女西医就没有如此对等的自由，若要令人尊敬，她们多多少少还是要遵循夫人小姐的行为准则，她们并没有因为身为医生而可以理所当然地接触任何病人。当然，不令人意外地，在许多西方的文献中，中国女西医也被描绘成将自己的姊妹同胞从陋习中拯救出来（因而连带地拯救自己的国家）的伟大女性。而前者与后者所形成的对比，也告诉我们性别政治如何受到帝国主义或是国际权力关系的左右。

从历史的后见之明来看，虽然过去那种西方帝国势力已然退去，但是在 20 世纪之后，西方医疗相当成功地在中国取得了一席之地，而为了维护名誉而宁死不就男医的现象也成了历史。在这个权力拉锯的复杂历史过程中，"救命"（saving lives）是西方医疗所奉为最高的价值。从西方传道医者眼中看来，中国的性别规范是具有压迫性且几乎是愚昧的，如果中国人可以接受西方的医疗与科学的启蒙，这些"愚昧无知"也将会消失殆尽。许多传

---

① 女传教医师的性别与跨文化关系，参见 WANG H. Stranger bodies: women, gender and missionary medicine in China, 1870s - 1930s [J]. Australian Journal of Advanced Nursing, 2008, 25（3）: 95 - 105. 另外，西方女科学家也有类似的状况，如生物学家博爱理（Alice Middleton Boring），关于其一生的科学事业，参见 OGILVIE M B, CHOQUETTE C J. A dame full of vim and vigor: a biography of Alice Middleton Boring, biologist in China [M]. Amsterdam: Harwood Academic Publishers, 199).

② 例如，HOLMAN N. My most unforgettable patients [M]. New York: Pageant Press, 1953.

道医者喜欢抱怨中国（或非西方国家）女人宁死不就男医，表面上，这似乎是说这些中国女性很不理智，毕竟生命可贵（怎么有人会为了这样不切实际的礼教而忽视生命呢），但即便医疗传教士认为其医疗可以救命，中国妇女却不一定如此理解。对她们而言，去看医生仍然是在社会规范之下的人际接触。但是，另外一方面，医疗成功所带来的一些问题，倒是鲜少为人所讨论。近代以来的医师往往以救人一命为他们神圣的任务，也常以拯救生命之名来取得医疗的优先权，虽然医疗战胜了某些社会制度与规范，但是病人却也常被客体化，例如，当代西方男医师将女病人想象成汽车，身体检查变成了汽车维修检查。医疗行为本身就是一种社会行为，也必然会反映社会中的许多权力关系，现在如此，19世纪末20世纪初也是如此。

　　从19世纪的严格限制到20世纪的松动，我们是否可以称之为医疗化的历史？的确，在20世纪30年代之后，似乎医院男女分隔的必要性渐渐降低，且女病人（即使是良家妇女）也逐渐不如此忌讳男医，甚至包括妇产科方面。不过，仅以此转变来看大概无法判断改变的来源是否为西方医学体系，我们需要更深入地去探究中国的性别政治在20世纪初期所经历的转变，才能有所判断。进一步的研究，有其必要性。

　　本文原标题为《不就男医：清末民初的传道医学中的性别身体政治》，载于《"中央研究院"近代史研究所集刊》2008年第59卷，第29—66页。本次有所改写。

谁的厨房"不科学"?
——性别、社会与台湾乡村炊煮系统: 20 世纪 50—60 年代

秦先玉（台湾新竹清华大学历史系）

台湾家庭全面性的电器化始于战后，厨房部分，间热式电饭锅（台湾称为电锅）可谓其火车头。1969 年的八项电器普及率调查显示，非农户地区电饭锅普及率为 77.33％，农户地区为 46.91％，非农户地区与农户地区的电饭锅差距值，次于电冰箱的 31.71％、电视机的 40.53％，可谓最早进入台湾家户厨房的电器。而电饭锅在城市、市镇与乡村的普及率，分别是 82.55％、70.79％ 和 51.53％，显示出城市与乡村差距值的悬殊。邱茂英认为其原因在于，非农户每人所得是农户每人所得的 3 倍。

但同时，农户与非农户的晶体管收音机普及率接近，分别是 28.92％ 和 28.84％，"所得说"在此失去解释力。农户购买力虽有限，但收音机因可满足日常娱乐需求，如听广播电台与听戏，而成为首选。其他原因还包括：价格比电视机便宜数倍；农复会多年推动，收音机因此较早进入农村。此案例指出，农户与非农户电器普及率的差距，有更多面向值得深究。

朱迪·瓦克曼（Judy Wajcman）回顾女性主

义技术研究（Feminist Technology Studies，FTS）指出，20 世纪 70 年代"技术对于妇女的影响""技术与妇女"问题意识已转变，20 世纪 80 年代末研究取向着重于探讨技术发展与使用过程，以及性别的建构。柯旺（Ruth Cowan）最早关注女性使用者与技术选择，提出"消费连接"（consumption junction），注重消费者在某个时空下进行的技术选择。柯旺指出技术进步史观肯定的"较好"技术，从使用者角度切入，不一定就是最好的技术。美国在 19 世纪前，热效率较高、舒适与干净的铸铁火炉，普及率就不如石砌壁炉。柯旺认为技术散布阶段的重要性等同于制造、发展与生产阶段。探讨社会关系网络中的消费者如何进行技术选择，一则有助了解技术散播阶段社会结构的重组，二则可增进理解何谓"成功"或是"失败"的技术。

柯旺进一步讨论为何某些家务技术被淘汰，有些却广被接受。著名案例是 20 世纪 30 年代中晚期美国瓦斯冰箱与电动压缩式冰箱的竞逐。瓦斯比电力便宜，加上运作声比电力冰箱小等原因，瓦斯冰箱理应成为家户宠儿，但最后却是电冰箱蔚为主流。柯旺认为，电冰箱厂商因拥有较多的资源与竞争力，最终价格便宜而得以胜出。

瓦克曼肯定柯旺超越直线式史观，同时她也质疑柯旺将过多面向放在资本家的竞争上，当初强调的消费者面向却消失。家庭主妇的技术选择，完全被化约成价格导向。乔伊·帕尔（Joy Parr）认为价格说也无法解释美国与加拿大妇女对于自动洗衣机的接受与使用度至少差距 8 年。从技术进步角度来看，"技术比较好"的自动洗衣机，直到 1968 年在加拿大的普及率才达 32％，传统半手动式的电动洗衣机，普及率仍高达 51.6％。她指出，社会结构与家户政治相互作用，影响了妇女"选用、少用、不用"某项技术。

欧登泽尔（Ruth Oldenziel）一方面重申消费连接的启发性，另一方面提出中介连接（mediation junction），指出中介者，如家政员与女性使用者，对于技术发展具有重要的影响。

本文将从三个面向——城乡差异的炊煮条件与需求、乡村农户家庭结构，以及家户性别分工模式，说明农户与乡村地区电饭锅的"少用"现象，检讨台湾学者邱茂英的"所得说"。其次，指出美援家政学的"科学厨房"思维，习以"不科学"或"不现代"描述台湾地区乡村厨房；农户"少用"或"不用"先进厨房科技，往往忽视技术选用的脉络。最后以战后台湾电锅案例，与帕尔的技术选择研究比较。

一、农户家户结构与饮食文化

本部分交互运用三位不同经济阶层农户的访谈与史料，指出农户家户结构与饮食文化与电饭锅"少用"或是"不用"现象密切相关。

第一位 1950 年嘉义太保乡出生，编号 A 女士，代表收入中等农户。嘉义太保乡是战后台湾典型农村，A 女士的父亲 1915年出生，公学校毕业后以买卖杂货所得买地，加上婚后丈母娘赠予土地，合起来计有十五六甲。兄弟合伙种植稻谷、地瓜、西瓜、香瓜、甘蔗、白米，自给自足。A 女士自幼成长于二十几个人的扩展家庭，共有 7 个姊妹，排行第四。住宅形式是三合院，厨房是三眼灶，用于煮饭、炒菜、烧水与煮猪食，另外备有火炉，用于炖东西、煮汤，可谓台湾战后农家厨房炊煮设备的缩影。

A 女士的母亲通常四五点起床，为下田男性煮干饭，同时准备十几个便当，包括姊姊家小孩，典型大锅饭饮食文化形态。农忙期请工人帮忙，除煮大锅饭、菜三餐外，早上与下午各准备一次点心，如绿豆汤、米苔目与南瓜，一天总计四到五餐。对于多人食用大量米饭，A 女士：

> "电饭锅不好煮，我们那时候和叔叔一起吃饭，家里 20 多人，怎么会去买电饭锅？一次要煮四五锅要煮到什么时候？所以我们那时候是用灶煮饭的。"

1965 年《丰年》刊登一篇如何发挥电饭锅功能的文章，指出充分利用电饭锅就是善用"火力"，发挥"蒸"与"焖"功能，推荐的食物从蒸蛋、西红柿、萝卜、瓜类、芋头、花生等无所不蒸。A 女士提到火太大饭容易烧焦，或"用灶火比较难控制，菜炒出来比较不青"，针对此类灶火控制不易问题，该文建议若遇煎鱼未透熟、炒菜不熟与红烧肉、白切肉不易烂，即可利用电饭锅蒸煮功能，发挥事后补足或是事先协助的效果。

电饭锅多功能料理叙事，与农户饮食文化颇难契合。1952 年农复会调查农家 2～8 月食物消费，作为制订营养改良计划的参考。报告指出农户极少食用家禽，较常食用鱼；为延长保存期限，烹饪法多为水煮或盐渍。A 女士口述呼应调查报告：

> "肉很少啦，都是吃菜、蛋、菜脯蛋，鸡那时候都是拜拜才有，普通时候很少用鸡来吃，以前的人很节省，鱼平常的时候就有。那时候我妈妈都会用九母鱼，有一种鱼叫九母鱼，我妈妈很会做鱼松。"

由于屠宰猪缴税金规定，因此"不是说自己养就可以吃，如果我们现在有五条猪，然后去卖还要拜拜，去买猪肉来拜拜，以后要再养才会平安，不然有些会得病，死掉就浪费钱，如果你没有拜拜，以后有可能抓五只来养，一只生病死掉就浪费钱。所以乡下人就是这样，很纯朴很忠厚老实。拜拜就比较丰富，小朋友会很高兴，可以吃得很丰富。"电饭锅的炖肉功能，并不符合农户饮食文化。第二位编号 B 女士幼时饮食生活回忆，也强化了此论点。

编号 B 女士 1948 年出生于南投鱼池乡，四合院的厨房设备有大灶与火炉。火炉主要用于烧水。因近山区，排行第三的 B 女士，假日会到山上捡木头，软木不耐烧易灰化，以质地较硬者为佳，通常来回约 30～40 分钟，捡回后劈柴。幼年时大家庭就已分食，家里计 7 个小孩 2 个大人，平常 B 女士之母都用小灶炊煮，过年蒸年糕才用大灶。

B女士之父行入赘婚，以教授裁缝为业，后卖田做生意，没寄钱回家。编号B女士之母亲娘家家境不错，阿嬷有时会致赠棉被，为避免引其他房闲话，仍须注意分际，因此幼时生活极不宽裕。B女士常去捡花生、番薯、稻穗喂猪，年节才有肉可食："以前人没有在炖东西，没有肉吃，就炒青菜，吃鱼。"证之于1974年调查统计指出，都市居民每人每日平均肉类消费量111.75克、城镇居民96.82克、乡村居民83.01克。据此推论20世纪50—60年代"以农养工"期，城市与农村的肉类消费差距应更大。又有文献与口述访谈指出，农户小孩习以将花生与地瓜放到灶内烘烤食用，《丰年》所述的蒸花生，并不太符合当时的饮食习惯。《丰年》"脱节"现象，多少反映了电饭锅与农户饮食文化格格不入，自然不易被农户主妇采用。

战后苗栗县公馆乡福基村行大灶捞饭制，编号D先生："加许多水，待米粒熟捞些成干饭，是要给老人家或家中出力之男人或女人吃。剩下的米汁与少许之饭粒当稀饭，给无须劳力之人如小孩或年长妇女吃的。万一食用分量不够，则大量加入甘薯签或甘薯块，或是加入白萝卜补充。在20世纪30—40年代之间的艰困时期，乡下农村几乎都是如此吃法。"1958年台湾稻米生产量增至250万吨，超过日本殖民统治最高产量100万吨，1970年调查全台纯吃米者占81.45%，米薯同食者占8.04%。可见20世纪70年代上述饮食文化应已不复见。再加上20世纪60年代中期加工区陆续成立，吸收大量农村人口，农家家庭结构逐渐转变，核心家庭上升到44.82%，折衷家庭40.47%，扩展家庭剩下14.71%。家庭结构改变代表大锅饭场景逐渐走入历史，理论上应是电饭锅进入农户厨房的有利时机，但1969年农户电饭锅普及率却只有46.91%，显然还有其他因素。

电饭锅无法与农村炊煮文化契合，年节食物尤其明显。编号C女士，家境中上，人口数不多，为避免浪费燃料，加上大灶锅子刷洗费力，平常其母只用小灶，过年过节，或是农忙请工人，三眼灶才一起用。还有，上层知识妇女林文月制作年节食物萝卜糕，分量多故采用蒸笼进行，大家庭农户更是如此。简言之，过年炊粿、菜头粿，以及端午节蒸肉粽，电饭锅无法胜任。即便是平时炊煮，电饭锅仍难有晋身之处，C女士：

"初三房子翻修（笔者注：1965年），那时有煤气吧！灶还有在用，因为烧水洗澡量很大比较省，有瓦斯才会取代灶，台湾很少全部用电，小家庭才用电，电饭锅只能煮饭不能炒菜，炒菜还是要用灶。"

一方面呈现家户炊煮多元系统并用现象，另一方面说明电饭锅无法快速进入农户厨房的原因。首先是不合乎农户炊煮所需，如大锅饭、煮猪菜（见图1）；电饭锅多功能叙事强调的烧水功

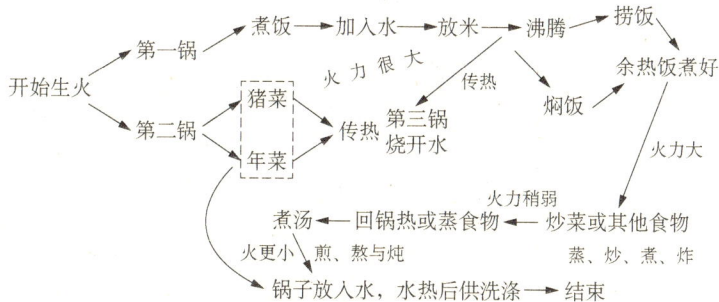

图1　材灶的炊煮流程①

---

① 翁注重，许圣伦. 大灶的科技与文化形式分析 [J]. 设计学报，2009，14 (3).

能，仍是不敷农户大家庭庞大水量需求。20 世纪 60 年代晚期，电饭锅或是瓦斯炉系统进入到农户厨房，大灶也不可能马上被取代或是闲置不用，特别是在年节食物准备之际。

年节时 A 女士与姊妹回娘家，若用电饭锅煮玉米，其母仍习说："浪费电啦! 瓦斯要钱!"。其母依然用灶炖猪脚、炊粿、炊菜头粿、烧水与蒸肉粽。一来有免费燃料可省钱："乡下龙眼树树枝锯下来就可以烧了。"二则灶炖猪脚焖得比电饭锅、瓦斯炉更嫩更好吃，包括芋头。2004 年陈瑛珣的"客家民居大灶空间规划田野观察与访谈"进一步佐证灶的续用现象。年近 90 岁的林氏叔婆，高雄美浓镇人，长方形厨房位于"合院式"建筑最后面，厨房有菜柜、水泥水槽、瓷砖流理台、瓦斯炉与灶，年节之际灶仍使用。

二、家庭权力结构与家户性别分工

乡村家庭权力结构与家户性别分工影响了电饭锅的选购以及使用与否。本部分将先分析 20 世纪 50 年代农复会的农村家庭改良计划，指出农村家庭结构影响了现代化厨房运动，继之探讨 20 世纪 60 年代厨房的电器化。

1948 年中美双方共组"中国农村复兴联合委员会"，规划并执行美援在农业（村）的运用，如各种农业计划及贷款等。文馨莹指出，台湾农业生产因此依赖经援；技术转移推动与农业推广计划执行，同时造成台湾地区依赖美国农业技术，最明显的例子是"新农业推广计划"的农村家事改良工作。

农复会检讨台湾农业推广教育的缺失，一改过去农会点的局面方式，提出整合性"新农业推广计划"，针对农村问题进行全面改善。1951 年聘请家政专家蓝瑙博士进行乡村生活实地调查，农复会认识到，若要在台湾地区推动美式的农村家事改良工作，必须先设立推动机构与成立家政学系，负责培养推广人才的训练与教材准备。农村家庭生活改善工作，一开始即属于农复会"新农业推广计划"之一环，从 1952 年倡导青年农民四健会运动，包括针对农村女青年进行家政推广，到 1955 年推动成人农事推广教育，虽然两者都涵盖家庭生活改善工作，但缺乏整体规划。

1955 年农复会拟订"示范农业推广教育计划"，经政府与相关机关同意，"农林厅"主管推广教育，省农会为执行机构，同时组织"台湾省农业推广教育委员会"，负责审议工作计划与筹拨经费。农复会为技术指导与经费援助单位，于 1957 年成立农业推广组，聘请美国家政专家毕玲思女士为家政推广顾问。"农林厅"作为主管机关，奉"内政部"令，1955 年制定《台湾省改善农家生活辅导委员会组织规程》与《改善农家生活工作实施计划》。依据组织规程，台湾省改善农家生活辅导委员会，由"内政部""经济部""农林厅""农复会""教育厅""建设厅""社会处""卫生处"以及台湾省妇女会共同派员组成。可谓战后台湾地区与美援机构合作，首次介入与影响家户厨房炊煮系统的选择与使用方式。

台湾地区 1956 年 7 月公告《改善农家生活工作实施计划》，家政推广涵盖农村食、衣、住、行、育、乐。住的改善分成住宅、厨房与厕所三区，以下讨论厨房。省农会为家政推广工作执行机构，依据行政等级区分，农会家政推广工作员在乡镇（市区）级称为指导员、在省县级单位为督导员，分层负责。依据任用规定，前者资格限制为高级家事学校毕业，初级家事学校毕业并工作三年以上，以及高级中学毕业曾受家政训练者；后者任用资格则为高级家事学校或专科以上主修家政系者。

20 世纪 50 年代家政推广员依据美援家政学的"科学厨房"理念，推动农村厨房的改善。他们以"科学"的角度去"检查"农户厨房的炊煮设备；工作目标是教育农户将"脏乱、没有效率"的厨房改成"现代化与明亮"的厨房；教育农户从"落伍"的烹饪方式走向"营养至上"。这类启蒙、理性、现代化的用语与想法，在家政推广员的回忆文章中一览无遗。

1957 年台湾省农会的农业推广教育考察报告指出，厨房改善项目包括改良炉灶与使用方法、设置刀插、擦巾架、垃圾桶、食物罩、洗槽与粉刷墙壁。报告指出，厨房陈设改善约有半数以上农户可以接受；改良炉灶以及使用法、改善排水设备则约有三分之一农户接受；增加窗户以及家屋修饰接受户最少。报告指出接受度低的原因："农户保守、迷信因而不敢随便改善炉灶，或是更动房屋设备"。厨房改善推广单位留下不少文献，记载着家政推广员与农户的互动，有助理解家庭结构是否影响厨房的改良。

文献提到大家庭的婆婆看到媳妇粉刷厨房墙壁，认为媳妇是"放着正经家事不做"，并责骂之。至于为了卫生在厨房设置洗槽，费用40元，丈夫不但不给，甚至大为不悦。一向过年过节才吃肉的农村，勤俭的公婆知道媳妇要在餐桌多添加该类食物时，认为是媳妇"贪嘴"。文献也记载着媳妇采用新式淘米法，减少洗米次数以保留住养分，则又被婆婆认为是"偷懒"。家政推广员的困境，实则反映所谓"省时省事"的家事改善法，对于农户大家庭的公婆、先生而言，是不必要的浪费，媳妇/太太的劳动力须善尽其用。

其实，农户所有人力都必须善尽其用，特别是农事。简荣聪生动描述了20世纪50年代农事分工实景，杂粮收成时，男性、女性与小孩都必须投入。以地瓜为例，农妇先将瓜藤带叶从近根处割除，作为家畜粮食或是田间肥料，接着农夫以牛车行驶田垄间，犁翻土壤，使地瓜露出于外，小孩与妇女再使用小锄头或镰刀将地瓜掘出，并将薯根与须削除再挑回。花生亦是，从地下拔出后剥下荚果，清洗后再挑回暴晒。另外杂粮花豆、萝卜也是全家总动员，农村妇孺与老年人也要负责整理与暴晒稻谷。易言之，大家庭人数多，能够提供充分的劳动力，省时省力并不成为其主要的考虑点。

依此逻辑，可以想见家政推广员必将遇到相当大的阻挠。连国家尝试介入农户厨房炊煮设备的改善，都还遭受到不小的反弹，更何况是自家关起门来决定何种炊煮系统，大家庭权力结构与性别分工模式的影响力，显然更具穿透力。事实上，公婆、先生或是其兄弟，在厨房炊煮设备与烹饪方式上具有相当决定权，这可从受访者A女士母亲的经验得知：

"用灶煮出的饭不像现在电饭锅的饭粒粒分明，有时太烂或不熟，很难控制，即便妈妈很会煮，但有时饭煮出来也会很烂。以前工作的人不喜欢吃烂烂的饭，喜欢粒粒分明比较好吃，烂烂的不好吃。饭煮得不好吃我叔叔会骂，如果来不及给他吃也会骂。"

可以推论 A 女士的叔叔，应会反对购买电饭锅，一来无法应付大家庭饮食的时间性，二来家里还有小孩，平常放学后就可帮忙家务。

扩展家庭或是折衷家庭结构的婆媳关系影响炊煮系统的选择与烹饪方式，尚可从两例看出。A 女士 24 岁结婚（笔者注：1975年），嫁妆有三洋电冰箱、雅马哈 90 摩托车与理想牌瓦斯炉，共值 4 万多元。先生准备 45 000 元聘金，中上。A 女士婚后进入折衷家庭，虽然人口已减少，但一如其母般从早忙到晚。先生住在嘉义中埔靠近山区，该区多种植橘子、烟叶，先生将部分土地租给别人，留下部分种植水果。A 女士早上五点多起床煮早餐，之后与先生去田里做事，如帮忙拔草，抓橙子蛀虫，洒农药，或是帮先生拉绳子。有时为贴补家用，A 女士也会出外帮工采橘子与橙子。

先生原生家庭已有电饭锅，理论上 A 女士应可使用电饭锅煮饭，搭配瓦斯炉炒菜，然却事与愿违。A 女士家里虽有桶装瓦斯，但是婆婆不让她用："她说，那个会'啪'，会怕！那个火她会怕，所以我婆婆就不要给我煮，就说我们不要去那里煮，我们去用灶煮，如果你不会起火，我来帮你起。以前有电饭锅她也不喜欢煮，她也是用小锅子放进灶的大锅子里用炖的。以前的人都很怕用电，说电很贵，有柴捡柴来烧就好。"A 女士只有趁婆婆外出，才得以使用。

另外两位受访者，虽然不属于乡村地区农户家庭，却也面临相同的困境。住在东势镇 70 多岁的编号 E 女士，1963 年嫁入夫家，电饭锅即是嫁妆之一，结婚一年内，婆婆认为电贵，不准使用，直到一年后她才能使用电饭锅煮饭。两位女士的经验指出婆婆习以"电太贵"为由，限制媳妇使用电饭锅。至于是否仍有其他家庭权力竞夺的面向？如婆婆心理上已认定媳妇是外来者，带着外来物来到夫家，当电饭锅将取代既有炊煮系统，婆婆是否担心厨房掌控权将受到新机器与媳妇的挑战？

编号 F 女士，1937 年出生于高雄市，经验相同。原生家庭用灶，1956 年婚后住在高雄新兴，与公婆齐住在二楼，一楼租给他人开店，炊煮用煤球炉。F 女士认为，煤球炉生火既费时味道又臭。铝锅因煤火强很容易变形，须常更换，之后因家境不错，改用木炭燃料。家计部分，先生收入全交给婆婆掌管，1961 年婆婆决定添置电饭锅。

婆婆影响最明显的例子是 1959 年第一胎生产后，奶水不够，婴儿半夜哭要喝奶，婆婆觉得外面卖的"米呀呼"不好，虽然请了女佣，F 女士半夜仍得起来生火煮"米呀呼"。婴儿只吃一点，仍须从升火开始，费时费力。1961 年生老二，婆婆就购买电饭锅，当时 F 女士没用电饭锅煮"米呀呼"，直接买牛牌或是 OAK 奶粉。F 女士家庭属于中上，在婆婆决定下，很快就进入电饭锅与瓦斯炉搭配的炊煮系统。对于何时才能开始使用，小孩食物应该如何烹饪，F 女士选择权有限。

三、结论

本文首先从三个面向——城乡差异的炊煮条件与需求、乡村农户家庭结构，以及家户性别分工模式，厘清何以乡村地区居民与农户"少用""不用"先进厨房科技——电饭锅。继之指出，美援家政学的"科学厨房"思维徒以现代或是科学观念解释推迟现象的不适性。

帕尔指出，社会结构与家户政治的相互作用决定妇女新技术的选用。台湾电饭锅案例研究与帕尔看法相呼应。不过，在家户政治面向，本文还指出先生之外的亲属如何影响战后台湾地区厨房科技的居家化。本文最后再提供一案例，说明台湾家户政治现象。台电 1962 年小型电器调查指出，电器购买提议者以男主人百分数67％为最高，主妇22％，子女11％；主妇提议的顺序为电饭锅66％，电炉46％，洗衣机20％，收音机17％；男性提议的顺序为冷气机86％，电扇71％，收音机70％，洗衣机55％，电炉49％，电（炒）锅30％。女性优先考虑厨房炊煮设备，而男性将之列为最后，这样的冲突最后会如何解决？

民国时期大众媒介中的家政科学与性别政治
——以"衣"为例

陈　瑶　章梅芳（北京科技大学科学技术与文明研究中心）

　　近代是中国在西方洪流冲击下快速进行新陈代谢的时期，国家和社会的各个角落都发生着或剧烈或微妙的变化，家政也不例外。在古代中国，与"家政"含义相近的一个称谓是"家事"。我国从周朝开始，已萌发出家事教育的思想，南北朝和隋唐两代是我国家事教育蓬勃发展的时期，至宋元明清时期，对家事的强调和重视，使得其内容和规范日趋完善严密。从性别分工的角度来看，"主内"的女性往往被视为家事的主要实践者。传统的家事教育，也主要以母女相传的方式进行。家事教育的内容通常是传授养蚕、缫丝、织布、缝纫、烹饪等生产、生活技能和祭祀、酒浆、祭典之礼，并教以妇德、妇言、妇容、妇工等立身处世之道。

　　中国古代的家事知识与规范，主要通过家庭教育代代相传。现代意义上的家政学，作为一门独立的学科诞生于美国。近代中国，随着西学东渐之风的兴盛，"家政"和"家政学"（Home Economics）的概念也随之传入中国。西方家政学宣扬运用科学的方法和先进的技术手段来改造家庭事务，培养具有科技新知的新女性，建立新家庭。这与当时中国的社会背景暗合，秉承科学救国之梦和试图对女性进行科学启蒙的近代知识分子，倡导改造旧家庭与旧伦理的新文化运动，以及其时依然延续的中国传统社会性别分工观念，这三者在近代妇女解放和女子教育热潮的推动之下，共同促使家政学成为女子高等教育的重要领域。以1919年北京女子高等师范学校家事部的设立为标志，家政教育正式在高校开启。燕京大学、河北女子师范大学、金陵女子文理学院、华南女子大学等相继设立了家政学系，教授科学化的家政知识。与专业化的家政教育相呼应，这一时期的大众媒介亦刊登了大量与家政有关的科技知识，这种透过传媒提供女性家政新知，进而影响她们处理家政的知识建构过程，正是近代以来改变女性知识及其行为的一种重要方式。

本文主要探讨和研究大众传媒刊登的"家政"中关于"衣"的科学知识及其对这一时期知识妇女和青年女学生提供的指导和规训。具体而言，本文将从以下三个方面进行讨论：一是衣服的选择和利用，二是衣物的洗涤，三是衣服的贮藏与保护。

一、衣服的选择和利用

民国时期，除去审美、时尚和经济维度，大众媒介亦开始较多地从卫生、科学的角度阐述衣服选择和利用的标准，以供家庭健康和妇女日常生活参考之用。在时人看来，如何选择更舒适、洁净的衣服，不仅关系人的面貌，还影响人的健康。"人生欲享康健之福而免疾病之苦，必先注意卫生。"[①] "保护骨干，为筋与肉；保护筋肉，为皮与肤；保护皮肤，为衣与服。故衣服与皮、肤、筋、肉、骨、干，皆有唇亡齿寒之关，岂可缺少也。若人无衣服，失其保护之作用，则寒、热、温、暖不知，虚邪贼风随之。侵入皮肤。皮肤受伤，而筋、肉、骨，失其保护，因此使人

---

① 我之卫生、衣服之卫生 [J]. 晋南公教学界友善会年刊，1926 (1)：29.

疾病，不能生存于世，非衣服之能力乎。然则衣服虽有此种保护能力，而不讲求卫可不讲求生，其害亦等于无衣服也。故吾同胞，岂卫生乎。"[1] 所以衣服的选择和利用要讲求卫生，合乎卫生学的原理。其时，大众媒介对衣服选择和利用中涵盖的卫生原理，大概介绍了如下几个方面。

(一) 温度

衣服之目的，冬季在保持体温，防外部寒气侵袭；夏季在保护皮肤，抵御暑气[2]。《妇女杂志》第四卷第十一号"衣服之卫生学的研究"一文中提到，衣服有保温的作用，对身体的保温作用表现在两个方面："减少体温之放散和防止体温之传导。"作者为了从根本上向读者呈现科学的原理，运用物理学的知识对这两个方面分别进行了论述。文章写道，放散是指温热由一方之高温表面向他方之低温表面，根据 $\Delta T \cdot C = Q$ 可知，放散之度与温度之差成正比，温差越大，则放散之度越大。衣服是皮肤的替代，与外界者直接关系，其表面较皮肤粗糙，体温之放散力虽亦较强，然衣服之面比诸皮肤之面温度至低，因衣服对于周围温度之差，较皮肤为小，故衣服大有减少体温放散之利益焉。则衣服越多，外表温度愈降，体温放散益减。

根据衣服质地、材料的不同，传导的热量也会不同，衣服材料中空气之含量愈多，则体温之传导度愈弱。换言之，即比重小者，传导力亦少。即体温之传导力与服地之比重为正比例也。

由表1可知，毛织物的传导性最弱，则质地、材料为毛织物的衣物最保温[3]。《健康家庭》1939 年第 5 期《衣服之目的》一文也有对这一观点的论述："冬季以温暖舒适而不易传热者为佳，夏季则宜用凉爽而易使体温散发之衣料。毛布因吸收温气迟缓，而多含空气，制衣殊为相宜；法兰绒寒暑皆宜，老人小儿或虚弱者御制尤佳；线布虽较毛布为次，但亦颇适用；麻布传热速，只

---

① 孙家骥. 衣服之卫生 [J]. 卫生报，1930 (38): 1.
② 华汝明. 衣服之目的 [J]. 健康家庭，1939 (5): 40.
③ 寿白. 衣服之卫生学的研究 [J]. 妇女杂志，1918 (11): 7—14.

能用于酷热季节。"①

表1　衣服体温之传导力与服地之比重

物名	比重	传导性
空气	0.0013	100
毛织物	0.176	127
绢织物	0.129	172
棉织物	0.199	188
麻织物	0.348	222

这些文章向大众普及了热量传导与散失的物理学原理，因而为"温暖"与"凉爽"的衣物选择提供了科学的依据，为负责给家庭成员购置衣物的妇女提供了直接的参考。例如，冬日外界气温低，则要多穿衣服，还要穿传导性小的毛织衣物方可保温；夏日外界气温高，则要少穿衣服，还要穿传导性大的麻织衣物方可祛暑。

（二）颜色

衣服对体温的作用除与其件数多寡和材质有关以外，还与其颜色有关。《妇女杂志》第四卷第十一号《衣服之卫生学的研究》一文指出："衣服之吸温度与染色之种类有至大关系，白色者吸温力最小，黑色者则最大。今定白色之吸收温度为100°，则黄色为102°，暗黄色为140°，绿色为152°，红色为168°，鼠色为198°，而黑色则为208°，故夏日之上衣，自以选择吸温力最小之白色服地制之为宜。"②《妇女杂志》第十三卷第一号《衣食住的卫生谈》也述之："色彩各异，而吸收外温的量亦不同，白色100，浅绿色155，浅褐色198，浅黄色120，鲜红色165，黑色208，深黄色140，深绿色168，照上说综计起来，吸收温量白色较少，黑色较多，所以夏衣多用白，冬季多用黑。"③《妇女杂志》第三卷第十号《白衣宜夏宜冬之研究》一文中运用物理实验的办法证明衣

① 华汝明. 衣服之目的 [J]，健康家庭. 1939 (5)：40.

② 寿白. 衣服之卫生学的研究 [J]，妇女杂志. 1918 (11)：7—14.

③ 金煜华. 衣食住的卫生谈 [J]，妇女杂志. 1927 (1)：96.

服之吸温度与染色之种类有至大关系,白色者吸温力最小,黑色者则最大。"用大冰一块,须坚硬而平正者,在其平面之上,平铺黑红黄白之布凡四缕。其间距离约寸许,其阔狭同,其疏密同,其轻重同,其与冰之平面接触之程度亦相同(见图1中第一图)。

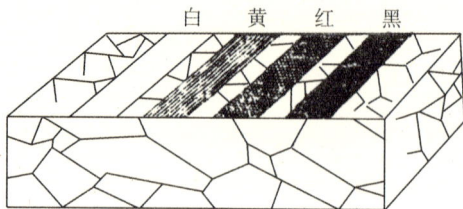

白 黄 红 黑

第 一 图

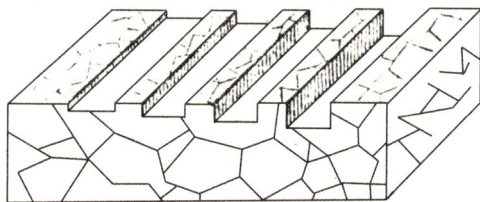

第 二 图

图1 白衣宜夏宜冬之研究

　　然后置之日光中暴之,约得相当之时间,乃移之日所不照之处,同时将布揭去,则可见此试验之结果。黑色布下之冰,融而成凹,其深几及一时;红色布下之冰,融时之半;黄色布下之冰,融度较红色者为略微;白色布下之冰,则只微凹。实际上独与冰面相接触也(见图1中第二图)。夫此试验足以证明黑色之布能摄引太阳光线集中于其下之各种物体。其黑弥深,即其感热之度亦弥强,次红,次黄,白色则其最弱者矣。"①

　　《妇女杂志》多次刊载关于衣物颜色与吸温度关系的科普文章,无非是希望为妇女在日常生活中选择合适的衣服色彩提供实用的科学指导。这些文章运用物理学的光反射原理,说明白色能反射日光,宜于夏,黑色能吸收光热,宜于冬。

――――――――――

① 白衣宜夏宜冬之研究 [J]. 妇女杂志,1917 (10): 7.

（三）外形

衣服之形状如何，于卫生上影响极大。形式不适宜，则足以妨碍体动，压迫皮肤，而阻害循环也。《妇女杂志》对此亦做了论述："欧美妇人之体缠胸衣 Corset，因之内脏受其压迫，呼吸受其阻碍，胃肠运动为所抑制，遂致消化不良，不宁唯是。所谓绞窄肝、游走肾之病理解剖的变化且往往因之而生。又如日本妇人亦有紧束腰带之恶习，致生带状沟，而患肺结核者，统计上及临床上为数殊匮鲜少，又解剖上于日本妇人之肝脏上面，往往发现前后直行之二沟，据山极医学博士之说，亦即腰带之恶果云。又如洋服之高领质硬而长，设用狭小之品，往往头静脉受其压迫，头部循环受其碍害，其结果遂成头痛之病。"①

类似的观点，在其他期刊中亦有出现。如《新女子》刊登《新女子服装美的研究》一文，提到"束缚着胸部的马甲和内衣，妨碍胸部的呼吸。"② 再如：1935 年《方舟》第二十一期《现代妇女服装之我见》一文中指出："衣服之式样，须适合身体之状态，不妨碍身体内部诸机间之发育及活动为原则。过长大，则运动不便，过短小，则妨碍血液循环。近有过于时尚之妇女，制作狭小紧束之衣服，以致呼吸不便，血液停滞，阻碍发育，为害极大。所以，衣服之形状应宽大舒适，衣服宽大，方能保卫身体，否则有害健康，不可不注意及之，如胸部狭小，则内脏易受压迫，易生肺病及乳癌等症；腰部紧束，易生消化不良之胃病，以及肝脏变形病，肾脏游走病等；领口狭小，头部感受压迫，头部静脉流动困难，便要发生剧烈之头痛，影响个人之事业和健康甚大。"③

这些报刊文章运用卫生学原理论证了衣服的外形设计与女性身体健康的关系。明确强调胸衣对内脏、呼吸、肠胃都有伤害；束腰可致生带状沟，导致肺结核；洋装的高领对头部的静脉有损害，可致头痛之病。

由此可见，因为衣服有御寒和防暑的作用，所以家庭主妇要

---

① 寿白. 衣服之卫生学的研究 [J]. 妇女杂志，1918（11）：7—14.
② 荆剑民. 新女子服装美的研究 [J]. 新女子，1927：75.
③ 章绳以. 现代妇女服装之我见 [J]. 方舟，1935（21）：24.

根据不同的季节选择不同材质和颜色的衣服；因为衣服形状和样式的不同对身体是否健康有至关重要的作用，所以家庭主妇要从卫生学的角度出发，选择有利于身体健康、符合自身的衣物。为了更好地选择有益于身体的衣物，女性必须具备适当的数理知识，同时卫生概念也不可或缺。这实际上要求近代家庭女性掌握更多的科学知识和科学方法来完成家务，以便更好地为家庭成员创造舒适健康的环境。

二、衣服的洗涤

在传统性别分工观念中，家庭中衣物的洗涤自然是女性负责的家事范围。民国时期，除衣服的选择知识以外，媒体亦刊登了有关衣服洗涤等方面的知识。包括衣物洗涤的重要性、方法、工具和特殊处理技术等。

（一）洗涤的重要性

陆咏黄在《家事衣类整理法》中提出"衣类污秽之起因，在内者多由皮肤分泌之脂肪汗垢所污染，在外者则为尘埃及其他不洁之物所附着，既有碍于卫生，复损衣类之实质。且积秽既多，服此衣类之人，其仪容价值，因以有损。则整理衣类，必以回复其卫生之价值，防实质之损坏，为唯一之目的矣。[①]"在其看来，衣物洗涤的原因在于不洁的衣服会有碍于卫生，还有损形象仪容。寿白在《衣服之卫生学的研究》一文中也提到"同一之衣服，久着不换，则内污于脂垢，外污于尘埃、细菌。往往为疾病之媒介物。又衣服之温度湿度均适宜于细菌之发育，细菌繁殖则惹起分解作用，就中尤以发汗后湿润衣服之分解作用为最甚。因之种种瓦斯发生不已，即使不然衣服自身亦可吸收种种臭气，故吾人之衣服不可不时加洗涤。[②]"可见，该文主要是从卫生学，尤其是细菌学角度出发，说明衣物洗涤的重要性：防止细菌、预防疾病。

---

① 陆咏黄. 家事衣类整理法（续）（附图）[J]. 妇女杂志，1917（5）：6—8.
② 寿白. 衣服之卫生学的研究 [J]. 妇女杂志，1918（11）：7—14.

（二）洗涤方法

关于衣服洗涤的方法，时人将其分为干式和湿式两种类型（见图2）。其中，"干式洗涤，适于小型之衣类，其最简单之法，乃于密闭器内，入以挥发性溶液，防其气化，而以衣类浸渍其中，若污秽只限于局部，则另以小型之物，吸取溶媒，就污秽处施之亦可"；而"湿式洗涤，常以衣类浸渍于亚雨加里性冷液或温液中，或以釜煮沸之，或以蒸气蒸热之。于此得分浸渍洗涤法，与加热洗涤法之二者。后者于加热时，不绝以棍棒搅拌，取出后以揉板揉之，前者则于浸渍后以两掌打之，以两手揉之，或用揉板或用刷毛，施种种之手段，以竟洗涤之功"。[①]

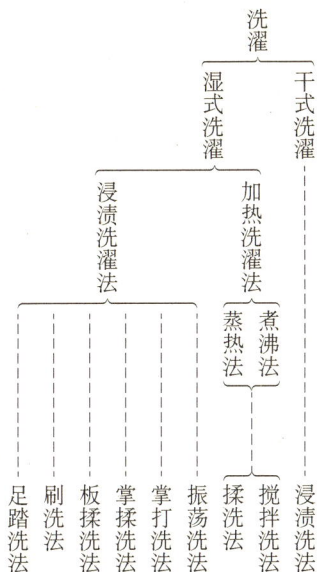

图 2　洗涤法分类图

相比于湿法洗涤，干法洗涤在当时并不常见。为此，《科学的中国》还曾发文，向知识女性普及了制作干洗剂的方法，"溶解纯净卡斯提雨胰皂半两，阿拉伯胶四分之一两，于四分之一加仑的沸水中。后冷却后，再加甘油一两，浓亚摩尼亚水一两，氯仿一两半，与醚二两。将此混合剂使劲地摇后，倾入一夸容器之玻璃瓶，以至四分之三时处为度。旋注入汽油少许，加以拌摇，直至混合液呈乳剂状为止，以后随注随摇。以后汽油越加得多，乳剂亦越摇越厚，最后成为半固体之胶膏。用时拿硬毛刷或破布擦刷衣服油渍的地方，立可见效"。[②]

由此可见，这一时期媒体开始提倡女性洗涤衣物要应用科学的方法，不同的衣服要使用不同的洗涤方式和不同的洗涤试剂。并且，对于衣服上的不同污点，应该运用怎样的具体处理

---

① 陆咏黄. 家事衣类整理法（续）（附图）[J]. 妇女杂志, 1917 (5): 6—8.
② 衣服干洗法 [J]. 科学的中国, 1937 (6): 39.

方法，亦有大量科普文章。例如，陆咏黄在《衣类污点拔除法》一文中，从"污点拔除之必要、污点之种类、污点拔除之法"三个方面，向读者做了详尽的介绍。具体到拔除之法，根据污点的种类可分为不同的类型。例如，溶酶处理法，对脂肪类、油类、蜡、树脂、假漆、油漆、肉汁、乳汁、茶汁、血液、紫色洋墨水、赤色洋墨水可进行溶酶处理；盐基处理法，此法包括对酸、汗、盐基性染料、普鲁香蓝、透恩勃儿蓝、红、果实汁、酒的酸化作用；此外，酸类处理法，包括盐类、铁锈、黑色洋墨水、单宁黑、尿等的酸化作用；杂处理法，包括泥、墨等①。

除此之外，还有文章根据衣服的质地、材料的不同来论述其洗涤方法。如《妇女杂志》第七卷第十二号《洗衣经验谈》一文，分别对棉质衣服、麻质衣物、羊毛织品、丝织品的洗涤方法进行了阐述："凡洗棉麻衣物，均宜先以温水浸之，则污垢易去，常人以冷水浸一夜，然后洗之，虽亦有效，但费时太久，如用温水则浸十五分钟已足，盖温水善能熔化胶涎等污垢，如骤浸入沸水，污垢即固定不去；麻质衣物，如非久用垂敝者，不可加浆，盖浆质能使麻线纤维失其柔韧之力，折纹处遂易破断。此外表面衣服欲其平滑整齐者，乃可加浆，其内衣等物均不宜用浆，盖不独省时且浆质实损布质也；羊毛织品、丝织品，如洗之得法，则成绩亦佳，洗羊毛及丝织品，只能用上等白色肥皂，若夫苏打及含碱质之肥皂，切不可用，其法先碎肥皂为碎片，和以沸水，使成浓液（不可用整块肥皂直接摩擦羊毛及丝织品，致损其质），以足量浓液和入巨盆水中，成肥皂水，然后洗之，洗必用温水漂之，须多漂数次，至漂后水清不变方可。"②

综上可见，民国时期对于家庭衣物的洗涤，已开始引入了"卫生""细菌"等科学概念，洁净的含义有了新的变化，洗涤方法亦有了更多的选择，出现了针对不同污点、衣物材质等而可采

---

① 陆咏黄. 衣类污点拔除法 [J]. 妇女杂志, 1915 (3): 9—14; 1915 (4): 13—18; 1915 (5): 8.

② 罴士. 洗衣经验谈 [J]. 妇女杂志, 1921 (12): 87.

取的洗涤方法。甚至，有关媒体文献在介绍过程中，为了向读者呈现衣物洗涤背后的科学原理，还附有相关化学方程式，包括酒氧化变为醋酸的对应方程式（$C_2H_5OH + O_2 \longrightarrow CH_3COOH + H_2O$），尿素与空气的反应生成阿摩尼亚，而阿摩尼亚溶于水后散于空气中的化学过程等[1]。这一类有趣的科学知识，既向知识女性提供了更多的衣物洗涤方法，同时也对她们的衣物洗涤这一家务工作提出了更高的要求。比如，《衣类去垢法》[2] 一文从理化的角度，对去垢问题做了详细说明，一方面分析各种污点的种类与污点的化学成分，另一方面则介绍不同的去污方式，这些方法不外是化学药剂或物理学上的摩擦原理，而且相当烦琐。就以一般常出现的霉斑为例，便有三种去污方式，而其他污物的处理则更加复杂。为了认识和学习这些复杂和烦琐的科学知识，再根据不同的污点选择不同的去垢方法，女性可能需要花费更多的时间和心力。

（三）洗衣工具

当时的媒体除普及衣服洗涤的重要性和科学化方法以外，还广泛介绍了国外妇女使用的洗衣用具。其中，澍生在《浣衣琐谈》中谈道，洗衣旧俗谓之："其法简陋艰难，不便已甚。必择急流河之水，磨石为砧，而以木挺为杵，费劲时例，仅得浣少许之衣。"[3] 言语之间，似对中国传统的洗衣环境和方法不太认可，以为介绍流行于国外的洗衣机器做铺垫："今者机械完备，去污除垢之法，复大发明，污秽之衣，积之累累，不难立时使洁，较之往昔，难易不可以道里记，奚止事半功倍哉。……盖用此机既省时又省力，较诸旧法，便利实多。第一，湿衣不赖空气日光而能立时使干，第二，工作者无须始终站立，研光时可以高度相当之凳，坐而为之……"[4]

---

① 陆咏黄. 衣类污点拔除法 [J]. 妇女杂志，1915（3）：9—14，1915（4）：13—18；1915（5）：8.
② 萨本祥. 衣类去垢法 [J]. 妇女杂志，1927（2）：6—7.
③ 澍生. 浣衣琐谈 [J]. 妇女杂志，1915（5）：5.
④ 澍生. 浣衣琐谈 [J]. 妇女杂志，1915（5）：5.

上述文字通过今昔浣衣过程和用具的对比,形成强烈反差,指出了当时机械浣衣的省时省力之妙(见图3)。

(a)   (b)

图 3

(a) 纽约爱迪生洗衣所　　(b) 华盛顿欧文高等学校电气洗衣班

又如《科学画报》刊载《洗衣的科学》[①]一文对国外先进国家使用的洗衣用具进行了详细介绍,认为这些机器省时省力,减省人工。其中,旋风式洗衣器"能把污物从衣服中吸出,衣服浸在肥皂水中,洗衣妇只需捏持该器上下掀动,即可把污物洗出,甚是省事"。(见图4)

图 4　旋风式洗衣器

---

① 应雏. 洗衣的科学 [J]. 科学画报, 1937 (11): 2—3.

家用扎棍机"湿衣经过扎棍榨干，以代手绞之势。棍长十一时。直径二时，有绸珠轴承，两棍之间由齿轮联动，洗盆木架，可以折拢"。（见图5）

图5　家用扎棍机　　　　图6　家用洗衣机

家用洗衣机"旋风式洗衣机，靠三只真空杯（见图6右上角小图所示）作剧烈的旋风运动，把空气、水和热肥皂水从衣服中得一丝一缕吸过，驱出垢腻。洗衣妇只需提着长柄，左右扳动，即可使三圆杯以强力压于衣服上。亦可用足踏于柄下端之踏蹬上，此种动作能使圆杯上下运动，造成漩涡作用，因此洗衣盆之全面积莫不触到，使每件衣服洗濯洁净"。

真空杯式家用洗衣机"或用汽油引擎，或用电动机，由齿轮装置传动真空杯。旁附扎棍，以便扎干湿衣。这是极省力的家庭用具。洗盆的架子可以伸缩，节省地位"。（见图7）

揉搓式洗衣机"是另一种家庭用的洗衣机。右下角小图表示该机内部的构造。有二个半圆筒形揉搓板，一个较小的放在一个较大者之内。把洗盆盖揭起时，上擦板跟着升起。在这上擦板内，灌入充分的热肥皂水，而后将欲洗的衣服放入下擦板内。把盆盖盖闭，即可开始洗衣工作。握住长柄，左右扳动，两擦板间向互相反方向往复动荡，且因有飞轮之助，一经开始扳动后，飞轮的动量能帮助两板转动得很顺利，节省劳力不少，每一次来往

运动，发生揉搓，挤压，吸取和激乱的联合作用，把污垢从衣服

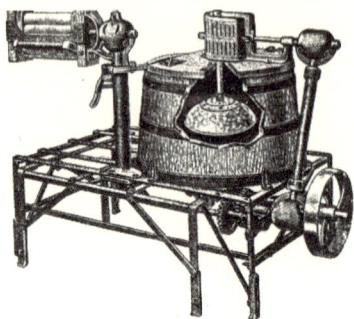

图 7　真空杯式家用洗衣机　　　图 8　揉搓式洗衣机

的每一丝中驱出。污水从下擦板的板条隙中流入底下的污水盆，故污水不和衣服接触。扎棍机装在洗衣机的一端，衣服洗好后由扎棍中挤出水扔流入污水盆内，可免溅溢在地板上"。（见图 8）

　　"在现代洗衣作中，使湿衣干的方法不用扎棍，而用离心力干衣机。把湿衣装在一只多孔的筒内，用机力使筒急速旋转，达每分钟 14 000 转，所有水分即从孔中射出。从水中捞出的湿衣放入一个面上有许多小孔的筒里，把筒急速旋转时，筒内衣服跟着旋转，于是水滴因离心力作用从小孔中掷出。"（见图 9）

　　虽然当时国内大多数家庭中还没有类似的洗衣机，但是以上对国外先进洗衣工具的介绍，让民国时期的知识女性大开眼界，向她们呈现了科学技术对于日常生活的重大影响。作者强调："这些先进的洗衣工具去污效果显著，省时省力，大大减轻了家庭妇女的体力劳动负荷。"

三、衣服的贮藏与保护

　　家庭生活中，衣服洗涤之后的另一重要步骤便是整理和保存。民国时期的大众媒体特别是针对女性读者的《妇女杂志》对衣服贮藏与保护方面的科学知识，宣传尤多。其中，《家事衣类整理法》一文介绍了使衣服平整的四种办法。一是用烙铁者。即

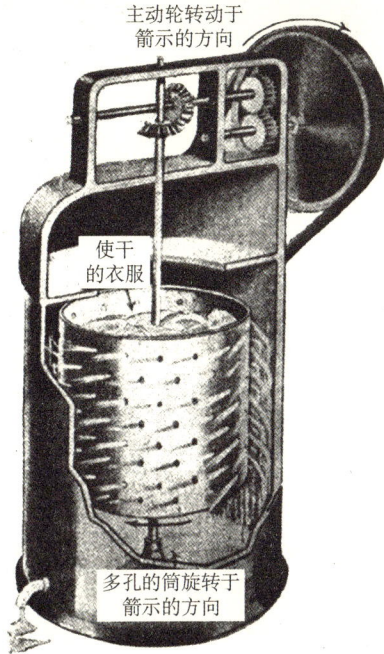

图 9　离心力干衣机

"利用织维之可伸性，而以加热之烙铁压迫之是也。其法乃先以
铁板载火上，更置两烙铁于其上热之。交互使用以伸布片之皱
纹，及使布面平滑而生光泽"。作者还对烙铁熨烫的工具——熨
斗进行了介绍，有利于读者了解和使用（见图 10）。

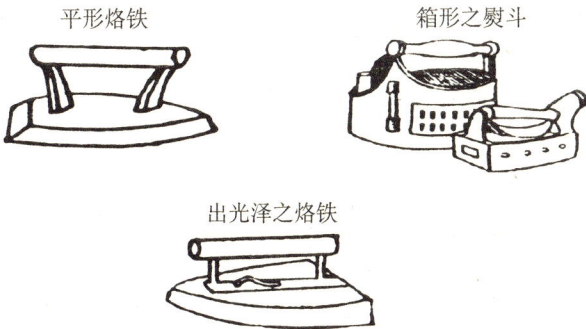

图 10　不同形状的电熨斗

　　另外两种使衣服平整的方法是用板者和用撑棒者。用板者是"布片洗涤后，浸糊液中，取出经绞之，贴于平板之上，晒之于日中，俟干后，自板上剥取之。此法之优点如次：无皱纹、面幅不缩小、布面一样均平"。用撑棒者是"撑棒以木或竹为之，洗涤物之两端，附有小布片，系于桁之针上，而以撑棒紧张之，晒于日中，其优点与用板者略同"。（见图11）

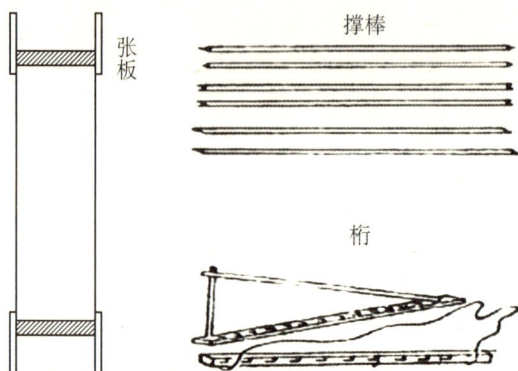

图 11　晾衣工具

　　最后一种使衣服平整的方法是用水蒸气者，即"洗涤后干燥之衣类，另以汤壶煮水使沸，而自其小口喷出水蒸气于衣物上，以引伸之，其优点同于前。惟此法适于绢绸及毛织物"。

　　衣物经过了洗涤、晾晒、熨烫后，接下来就要贮藏和保存了。由于有不少妇女将衣服贮藏衣箱，既不整理还任衣服发霉、生虫，十分不卫生，因此《衣服与人体的关系》一文针对潮湿、虫蛀、萤熟、叠压、杂藏这几种现象提出纠正。以潮湿为例，"即为变色、生灰的主因，一年中常行伏晒及寒晒各一次，伏晒，晒在伏中烈日下，虽易干燥，但柔嫩的皮毛及浅淡的彩色，须十分留意保护。寒晒，虽不及伏晒之猛烈，或谓那时空气干燥，晒晾较易得力，为慎藏起见，每年除此两种大晒后，每月亦宜随时施行。"① 作者认为，为了防止衣物因为潮湿而发霉，家庭妇女应充分利用阳光充足的季节暴晒衣物。

① 晨隐. 衣服与人体的关系 [J]. 妇女杂志，1927 (1)：95.

　　除了潮湿、虫蛀、萤熟、叠压、杂藏这些现象外，家庭妇女还应该根据衣服的材质选取不同的保藏方法。《女声》刊载的《衣服的保藏》一文对其进行了论述："凡是麻织品和丝织品因为质料比较硬性的缘故，切忌放在箱子的下层，这样可免压坏或深裂的皱痕，如能在衣服里面套一件棉织品的衣服，就能免除这样的危险；收藏皮衣，应在黄梅天以后的一个晴天里，把皮衣晒得很干，收进屋里后须在干燥的地方，如皮衣没有冷透就藏入箱内，热气能使毛脱落，须注意；凡绒线织成的衣物，洗净晒干净冷却后，须多置樟脑丸，然后放于箱内。"① 《妇女杂志》第七卷第五号《衣服经济谈》也对不同材质的衣物贮藏问题进行了论述，以毛织物为例，"毛织的衣服，很容易发生油光，要知油光的发生，大概有两种原因：面上的毛为着久用而压平；毛上沾染了油污。因此修治的方法也分两种：去污的法子，须用亚摩尼亚水一茶匙和在一夸脱微温的水中，然后用海绵蘸水，抹在油光之处，轻轻摩擦，可去垢污；若因压平的缘故，则可用硬毛的刷帚，逆着毛刷，使压倒的毛重新竖直起来。毛织品最宜注意的就是防蛀，所以当预备装入箱内的时候，应得将衣物在日光中晒过，然后仔仔细细的拍刷一回，再用布包好入箱，这时箱子里面也须注意有没有虫卵存留其间。"②

　　同时，收藏衣服的箱子对于衣服的保藏也至关重要。《衣服之保存法》推荐，"藏衣之箱，宜用价值高贵品质精良者为宜，以其较能防御湿气也，桐木最能御湿，故用以制衣橱最佳。欲预防其生虫，可以小刷遍涂樟脑油或花椒之煎汁于板之表里，且时时暴晾之，以免虫患。"③ 《衣服的保藏》一文指出："收藏衣服的箱子，有皮制的、木制的、藤制的、板制的、竹制的等等，保存衣服最好的当然是真皮的箱子了，为要保存呢绒等衣服则以樟木箱最好，因为其余箱子抵挡湿气侵入的能力都不及它们，可是如果我们的经济能力不够购买好箱子时，我们只要常时去翻看，多

① 蘅. 衣服的保藏 [J]. 女声，1943 (3)：19.
② 蘭翁译. 衣服经济谈 [J]. 妇女杂志，1921 (5)：84—85.
③ 静媛. 衣服之保存法 [J]. 妇女杂志，1915 (6)：24.

放樟脑丸，摆在干燥而通风的地方也是一样的。"

　　显然，这些主要以女性读者为对象的报刊文章，对衣服贮藏和保护的方法进行了系统的论述，充分体现了科学和卫生知识在家庭主妇处理衣物时的重大作用。但是，这些保护和贮藏衣物的方法，如同其复杂多样的洗涤方法一样，在某种程度上可能使得家庭主妇的家务劳动变得复杂化。例如，《烫衣常识》一文介绍了14个烫衣常识，其中包括了烫不同材质衣服的方法、衣服的不同部位的熨烫方法以及不同熨斗的使用方法①。

四、小结

　　从古至今，"衣"都是日常生活的重要组成部分，是每个人生存所必须面对的问题。从远古时期的披挂树叶到后来穿各种衣料和款式的衣服，"衣"一直都是家庭事务中的重要内容之一。

　　民国时期，大到民族、国家，小到普通百姓的日常生活、衣食住行，均发生了翻天覆地的变化。在西方先进科技和家政文化的冲击下，民国时期的家政思想与传统社会的家事理念相比，内容和性质都发生了重大的变化。其中，运用科学的方法和先进的技术手段来改造家庭事务，培养具有科技新知的新女性，建立新家庭，是近代家政的重要趋势。

　　在传统社会中，妇女从事家务活动，大多不会考虑其中的科学道理或原理，往往只遵循经验习惯和伦理规范去做。其中，衣服的选择，往往从实用、舒适、审美或等级要求等角度去考虑，并不懂细菌、卫生等现代概念，衣服的洗涤亦不会使用各种有针对性的清洁剂，对衣物的贮藏有传统的放置樟脑丸等经验做法，而不会从科学原理上去做深入解释，并根据不同衣物材质而做详细区分。从一方面来看，报纸、期刊、杂志等大众媒介向妇女传播家事背后的科学原理与具体的技术方法，有利于民国时期知识女性的家庭日常生活的精致化甚至便利化。例如，国外先进的洗

---

① 式. 烫衣常识 [J]. 女铎, 1937 (12): 21—22.

衣工具的介绍，使她们认识到科学技术对于人类生活的重大作用，引发引进或购买这些工具进而减轻家务负荷的联想；衣物除脏相关化学原理及相关清洁剂的介绍，被认为能帮助家庭妇女有效去除衣服污渍，防止衣物的损坏，取得事半功倍的效果。实际上，这些内容在媒体上的大量出现，反映了当时社会对于家庭生活进行科学化和卫生化改造的一种追求，在此追求之上的更高目标是国家的强盛与健康。科学救国必须渗透到家庭生活的具体层面，至于现实之中，是否有阅读这些文献的妇女当真照做，却很难查。这些科学化的洗衣方法，尤其是洗衣机的普及，在乡村地区至今仍没有完全实现。

从另一方面看，西方科学化家政技术和工具的引入虽然可能会提高家务工作的效率，减轻体力劳动负荷，但也使得家庭主妇的家务劳动更加复杂化，提高了对女性家务劳动的要求和标准，从而增加了女性的家务劳动时间。以科学化地洗涤衣物为例，首先，要分辨污垢的种类，《衣类拔除法》一文介绍了 25 种不同污点的洗涤方法；其次，要分辨植物纤维的性质，《洗衣经验谈》一文介绍了棉质、麻质、羊毛、丝的洗涤方法；再次，要分辨颜色，《应怎样洗涤衣物》一文介绍了不同颜色的衣物的不同洗涤方法①；然后，要分辨洗涤水的温度，《怎样洗衣服？：贡献给家庭主妇们》一文介绍了不同的污点、不同的材质、不同的颜色需怎样选择不同温度的水②；最后，要分辨不同的洗涤用剂，《家事衣类整理法》一文介绍了要根据不同的水温选择不同的洗涤用剂。由此可见，为了保护衣物和人体的健康，社会对家庭主妇洗涤衣物提出了更高的要求和标准，这使得洗涤衣物的步骤更精细、更复杂，如果遵照这种复杂的操作过程执行，从某种程度上来说，加重了女性为家务劳动付出的心力与精力。

从根本上看，虽然在思想解放潮流和近代女子教育不断发展的大背景下，中国近代女性的社会角色发生了改变，但是民国时期大众媒体对家政科技知识的宣传，并没有以将妇女从烦琐的家

① 刘崇祜. 应怎样洗涤衣物 [J]. 民众月刊，1937 (7)：29—32.
② 念菁. 怎样洗衣服？：贡献给家庭主妇们 [J]. 妇女杂志（北京），1941 (8)：23—26.

务劳动中解放出来为指向，而更多的是希望以此塑造懂知识的新型贤妻良母，以让她们更好地为家庭生活的科学化服务，进而为国家的强盛做贡献。其时的大部分知识分子仍然坚持认为，男子治外，女子治内是定理，并认为学习家事和家政是女性的本分，也是女性必备的常识①。他们提出，"从地位、性情来说，女性更有研究家政的必要，懂得家事的女性，能使家中'事无巨细，秩然有序'，不知家事的女性则会'顾此失彼，诸事废弛，无从整顿'。"② 强调女子是新家庭的主妇，因此"她改造家庭的责任尤大，她需要的新知识也愈多。"③ "如果一个妻子在家事上有点才能，一切事情安排的得当，把家庭弄得井井有条，这给予丈夫的好印象是非常之大的。"④

从这个角度来看，当时轰轰烈烈的家政教育和大众媒体对家政学知识的传播，在很大程度上并没有真正以妇女的解放和独立为指向，而是结合了传统性别分工观念、科学救国思潮和文化运动的复杂产物。通过科学化知识武装或改造的家政教育与宣传，甚至是进一步将知识女性囿于家庭生活，使其坚持以照顾家庭为美德的信念的一个有力工具。换言之，在民国时期家政学的兴起中，女性本身并没有成为真正被关切的对象，性别平等意识更不可能通过家政教育来实现。

① 俞淑媛. 妇人治家谈 [J]. 妇女杂志，1915 (10)：28.
② 王本元. 脱不了衣食住三项 [J]. 妇女杂志，1927 (1)：59.
③ 映蟾. 新家庭主妇应有的几种常识 [J]. 妇女杂志，1931 (5)：59.
④ 家事才能 [J]. 妇女与家庭（天津），1938 (1)：46.

科学传播

崔永元的科学传播

田 松（北京师范大学哲学与社会学学院）
刘华杰（北京大学哲学系）

刘华杰（2014.03.03，北京大学）：2014 年两会前夕，作为全国政协委员的崔永元，做了两件事：推出赴美考察转基因的 69 分钟纪录片，以及随后接受《北京青年报》记者孙静的一个采访。两件事关联，也可以说是一件大事。3 月 1 日崔永元说："今天，新浪、腾讯、搜狐同步推出我赴美国拍摄的转基因纪录片。在此正式声明，为传播真实信息，驳斥谣言，促进公众对生命健康的重视，本人决定本片公益播出，不收取任何费用，请保持播出时本片的完整性。请大众速速围观，早看早明白。"3 月 2 日孙静的采访标题是《崔永元：怀疑有人故意设转基因信息壁垒》。

我在北京大学科学传播中心网站上转了这篇采访，并加了按语：

本来，崔永元眼中并无转基因生物（GMO），甚至对科学、科学传播都没什么特殊兴趣。当有人传播廉价的、绝对正确的 GMO 科学断言时，崔永元凭借多年新闻工作者的职业敏感性，猜测到这里面可能有猫腻。崔永元于是一点一点介入

了 GMO，他做了一些调查，自己也在迅速成长。坦率说，小崔
为中国的科学传播做了份好工作。3 月 1 日发布的片子还可以。
小崔当然有自己的倾向性，从片中也能看出来，但是小崔还是尽
可能让双方或者多方都说话。片中小崔说非转基因与有机之间的
关系时，虽然有限定，毕竟是不准确的。理论上，有机的必然是
非转基因的，但非转基因的未必是有机的。有机的，要求非常
严格。

我在新浪微博上也转了上述两件事，并说："倡议给小崔颁
发科学传播奖。小崔虽然不是科学家，但他的行动帮助人们获得
更多资料，更好地理解现实中存在的所谓科学。"

有位网友（@绫雪 86 不打扰的温柔）就 GMO 的讨论提出与
科学传播相关的问题："老师您好，我想请教一个科学传播的问
题：您认为中国的科学传播事业是否也需要经历国外从传统科普
到 PUS（公众理解科学），再到有反思的科学传播这三步走？或
者说，在公众科学素养普遍低下的情况下，是否需要先应用传统
科普时代的方式来提高科学素养，之后才能让公众具备理性看待
科学的能力？中国能否发挥些后学优势？（3 月 2 日）

我回复："三阶段恐怕都得经过。公众对科学的理解，是相
对的，永远不可能完美。优势，不好说。"

田松（2014.03.03，哈佛大学）：回复上面这位网友：三个阶
段是早期的说法，改成三种形态或三种立场更准确。因前两者常
常共存。中国当下科普市场总量很小，量最大的还是传统科普；
PUS 在中国并非必须，只有少量。科学传播主要是学者呼吁，数
量虽然在增加，总量仍然少。你后面的思路，我并不赞成。①传
统科普对于提供科学素养没有贡献——有几次调查为证；②警惕
科学，提防科学危害社会，与"科学素养"无关；③科学素养没
有那么重要。

刘华杰：传统科普对于米勒式三维测试题目的第一部分有相

当的贡献啊，比如中国被试者更多地答对地球围绕太阳转这样的知识性问题，而某发达国家的公民在这个具体问题上表现不佳！传统科普让人们记住了什么是正确的、好的。

田松：不然，民众基础科学素养的配置主要是学校教育的结果，不是科普的结果。

刘华杰：嗯。按你的观点，传统科普最后的一点点可能的对测试的贡献也荡然无存了，那么它仅存的功能就是政治功能、意识形态功能。

田松（2014.03.03）：呵呵，你说的，差不多就是我想的。

崔永元先生赴美调查转基因，接受记者采访，发布专题片，这是中国社会今年的大事，可以从多个角度解读。如你所说，从科学传播的意义上，也值得大书特书。曾经有一家网络请我就此事写个专栏，我已经答应，打算从多种角度分析此事。并且写了第一篇《转基因危机是信任危机》，只是这家网络忽然又取消了他们约的专栏。所以后面的部分，诸如转基因危机是文明危机等，就暂时搁浅了。

小崔被动介入转基因的事儿我并不是第一时间知道的，但是小崔赴美采访，我则知道得比较早。我从一开始就意识到这件事对于中国社会的重要性。这件事马上在国内引起了轩然大波，也反过来说明了小崔的重要性。小崔对于中国社会做出了巨大的贡献。

我相信这件事儿对于小崔本人，也是一个自我学习的过程。我相信他刚刚介入转基因的时候，并不了解转基因是什么。关于科学、科学家，他的理解我想也应该是以缺省配置为主。但是，一旦较真，一旦展开调查，他自己就能够对获得的信息做出判断。如你所说，他最后的节目是有倾向性的。只不过，他的倾向性不是预先设定的，而是在调查之中获得的。的确，别人也在告诉他，转基因是什么，挺转派、反转派，都试图影响他。但是，他的倾向性，是在他的调查过程中逐渐建立起来的，并不是被动地接受了反转派的观点——事实上，反转派也没有统一的观点，大家反的程度并不一样。

所以我想，小崔可以作为一个代表。一个智力正常的、不带偏见的公民，食物的消费者，不需要有多少科学的、分子生物学的知识，在接受各种信息之后，基于自身对世界的理解，是可以对转基因问题做出自己的判断的。

小崔最近在接受采访时的表述方式也很耐人寻味。他说，他觉得是有人故意设置信息屏障。而小崔以自己的行动，打破了这种信息屏障。

回想起来，在小崔赴美之初，挺转派的各种言论，就更加有意思了。最常见的说法就是小崔不懂科学，去了也白去。

这也是某些自以为懂科学的人的论调，某位貌似很懂分子生物学的人宣称，凡是学了分子生物学的人，都会认为对转基因的反对是荒谬的。而在我看来，这位先生本人是十足荒谬的。同时也让我看到，一个自以为懂了分子生物学的人，他的视野视界是多么狭窄，以为这个分子生物学可以解释这个世界。无知的狂妄哦！如果他不是昧着良心说话，我对他的智力是大有怀疑的。而就是这样的人，试图在垄断信息，垄断观点。

关于转基因国内媒体的声音基本上是一致的。反转派的声音只能在网络上传播。而小崔由于其本人的巨大影响力，加上辞职赴美的行为，一下子吸引了巨量的眼球，乃至于主流媒体也不能无视他。这些年，反转派虽然也在不遗余力地发声，但是主要都是学者，这些人的社会影响力加起来也不如小崔一个人。我觉得不妨这样评价：小崔以一己之力，打破了转基因的舆论封锁。

刘华杰（2014.03.05）：两会上崔永元提交了关于转基因食品的议案，矛头直指农业部，并要求对中国多省转基因作物非法种植进行调查。农业部副部长牛盾4日也表示，目前在中国，"已批准可用于商业化种植的转基因品种只有抗虫棉和木瓜，其他一切种植行为都是非法的，必须追究责任"。

可否点评一下小崔此番举动的程序和制度建设意义？GMO种子非法释放者及一般意义上的"挺转者"显然不会认输，必然会有后续动作，能否估计一下，未来一两年中国 GMO 作物种植的可能前景？

田松（2014.03.08，哈佛大学）：华杰，你越来越像记者了（微笑）。

可是，不用我们估计，转基因的集团的新动作已经来了。北京时间 3 月 7 日 19 点，小崔在微博上贴出一位记者或者编辑给他的短信："不好意思，来禁令了。非常抱歉，打扰您，给你们添麻烦了。"

发禁令，这是老招数。但这个禁令来得让我感到意外。因为这实在是不够明智。小崔事实上已经打破了信息垄断和信息操控，现在再禁，只会把更多人推到反转的立场上去。甚至那些与转基因利益集团无关，真心认为转基因无害而支持转基因的人，也不好意思继续挺转了。

这个禁令至少意味着两件事：第一，转基因问题首先不是科学问题；第二，果然与利益集团有关，果然有猫腻。

另外还有几个微博很有意思，不妨拷贝下来，备案于此。3月 2 日 19：27，人民日报微博发出如下信息：

【人民微评：代表委员沉默，就是人民失语】两会召开在即，代表委员纷纷抵京。在人民大会堂共商国是，这是荣誉，更是责任。如果只知道热烈鼓掌、点头称是，人民民主如何体现？质询政府，请动真格；会场讨论，何惧观点交锋？代表委员当铭记：你沉默，就是人民失语；你认真，民主才能运转起来。

小崔于 3 月 3 日凌晨 1：22 转发，评语："说得很中听。我们敢发言你敢发布吗？"3 月 8 日，禁令之后，凌晨 3：01 又转："@人民日报，让你把我忽悠惨了！"此前一天，3 月 7 日，小崔发微博：

反思了一下，主要犯了两个错误：一是不该提审计转基因几百亿的经费，二是不该提转基因滥种。这些问题太真了，应该提农业部领导注意身体不要太累的提案。唉，后悔呀。

小崔 3 月 6 日 15：58 在微博上说："建议像管制崔永元委员言论一样管制转基因作物的滥种。"

刘华杰（2014.03.08，北京 18：20）：傍晚刚从中国科学院自然科学史所"2014 年研究生学术报告会"会场回来。今天是个不幸的日子，MH370 航班出事了。这些天世界很不安宁（昆明、克里米亚等）。

早晨出发前，我也注意到崔永元微博上新贴出的内容。崔永元作为政协委员，幽默地提出"反身性"要求："建议像管制崔永元委员言论一样管制转基因作物的滥种。"这也透露出小崔在整个事件中的从容形象。有记者一再追问与那个"逗士"所谓的争论，小崔果断地回绝：在两会上还轮不到讨论他。

崔永元 3 月初以来的一系列动作的结局，我是有预感的。他触动了很多人、很多部门的利益。不过，在网络媒体的时代，小崔把自己想说的话在两会期间都说了，传播效果达到了近乎最大化，某种意义上应当感谢有关部门封杀得太迟！3 月初的第一回合，小崔的表现如果以 10 分计的话，可以得 8 分。

两三年后，中国的转基因作物种植情况会怎样呢？GMO 大豆进口会怎样呢？中国若暂停三年进口美国的转基因大豆会怎样？对中国的影响不会很大，我们有足够的调整能力。但对转基因企业、对美国农场主就不同了。

田松（2014.03.08，波士顿）：我的打分还要高，我想给他满分。

中国是大豆的原产国，原本是大豆产量最高的国家，换句话说，对于大豆，我们本来拥有定价权。现在却要大量从美国进口，而且是转基因大豆，这其中的荒谬，不可以道里计。这是整个农业政策的荒谬。

两三年后的情况不好说，但是可以肯定，目前是两军对垒最为关键的时刻。从对方的气急败坏可以知道，小崔打到了对方的痛处。如果这时，更多方面的力量联合起来，或许能够对转基因集团构成根本性的打击。那将不仅有益于中国，也有益于人类。

3月8日11:29，刘仰先生发了一条微博，非常形象地把挺转派的荒谬展示出来了："清朝年间，有人发了这样一条微博：帝国主义的鸦片正在入侵我国！为了反抗帝国主义的侵略，我们必须大力发展大清鸦片事业！否则，在帝国主义鸦片面前，我们将失去战略机遇！支持国产的鸦片种植，支持国产鸦片产业！盲目反对鸦片将使中国的鸦片市场彻底沦陷！谁爱国，谁误国，一目了然！"[①]

刘仰是针对吴兴川的如下贴子构造这番话的："对那些情绪激昂，把转基因支持者怒斥为'汉奸''卖国贼'的网友，我感到非常遗憾。请停止谩骂，用你们聪明的大脑仔细想想：支持中国自主研发转基因技术并实现商业化，才能让中国未来的粮食技术不受制于人；相反，盲目反对转基因技术，则会让中国的粮食市场再次沦陷于列强。谁爱国，谁误国，一目了然。"

转基因的大面积种植，是整个地球生态圈的灾难，当然也是人类的灾难。

刘华杰（2014.03.09，北京）：刘仰的反驳很机智。我相信吴兴川先生并非看不懂其间的逻辑，也许他从来没有逻辑一致地思考过整个问题。挺转派声称自己代表"理性"，这是要打大大问号的。论证中不讲逻辑，就不能信心十足地声称自己理性。

下午重读了《中国经营报》以前的一篇报道：《转基因"底层动员"》（作者：王佳、张一君、实习记者王珊珊），其中提到："张启发表示，中国农业田间生产试验很难做到全封闭。从中试到安全证书获批所经历的整整10年间，不排除有人拿走稻种材

① 参见 http://weibo.com/1093974672/AA0Ieeciv.

料。2003—2004 年间转基因水稻生产性试验总产 100 万斤，虽然要求'不进入流通环节'，但课题组并没有全部回收和销毁。"

这个团队为何会如此不负责呢? GMO 种子的释放对谁有好处呢? 是聪明的农民认为 GMO 种子能增产并增加自己的收入吗?《中国经营报》的报道称:"有意或者无意地泄露一些种子，一方面可以形成一种既成事实，另一方面也可以将这些转基因的种子作为普通的杂交稻种到地方上进行申请，按国家规定只有转基因的种子才必须由国家批准，这样难度也就减少了。"①

非常明显的是，有人故意非法向中国大地上释放 GMO 种子。农业专家佟屏亚在新浪博文《敦请农业部公布转基因滥种检查结果》中说:"中国农业大学戴某、华中农大张某在南北农田偷偷地撒布转基因玉米和水稻，还明目张胆地欺骗和要挟国家领导人。"GMO 在中国非法种植，国家有关部门并非不知情。但因为部门利益，并没有追究法律责任。佟先生直指农业部官员不作为甚至撒谎，"危害的是社稷，泯灭的是良心"。②

我想，舆论应当适当聚焦，重点讨论清楚张启发团队在 GMO 种子释放事件中的责任问题，泛泛而论可能达不到效果。

田松 (2014.03.12，波士顿):从这些事件可以看出，转基因问题从一开始就不完全是科学问题，首先不是科学问题。不久前，看到大律师陈有西也加入了关于转基因的讨论。法律界人士介入是非常必要的。前年有个消息，意大利法院判定几位科学家有罪，因为他们关于地震可能性的言论误导了公众。以往高高在上的科学家，因为他们的专业错误而被判刑，这个巨大的反差引起了很多讨论。科学家在社会生活中具有很高的社会地位，人们很难把科学家与罪犯联想起来，也很难把科学与犯罪联系起来。但是，只要想想很多科幻电影中企图用自己发明的技术统治世界的科学狂人，就觉得他们之间的联系并非天方夜谭。显然，无论

---

① 王佳，等. 中国粮食安全系列报道:转基因"底层动员" [N/OL]. (2010-6-26) [2014-03-09]. http://www.cb.com.cn/deep/2010-0626/136156.html.
② 参见 http://blog.sina.com.cn/s/blog_6a99e8230101ol8a.html.

是有意还是无意，让试验阶段的转基因种子流向社会，是既违背科学伦理，也违反法律的。简而言之，是一种犯罪行为。主事的科学家需要承担各个层面的责任。如果犯罪，就该承担罪责，包括刑责。法律面前，人人平等，科学家也不例外。绝不能以科学的名义为所欲为。

当然，追求其法律责任会遇到很多难题。首当其冲的是观念问题，很多人难以理解，转不过弯来。其次，很可能处于法律条文的灰色地带，难以找到适用法律，或者有法律没有细则。再次，诉讼主体不明，就是说，谁有权提起诉讼？

关于这方面，我等都是外行。希望陈有西大律师对转基因问题给予更多的关注，也希望更多的法律界人士介入。

刘华杰（2014.03.17，北京）：利用科学技术犯罪更有效，因而对这类犯罪更应当防范。意大利法院的判例是个标志性事件，我相信以后会越来越多。GMO违法，显然要比"大嘴预报"危害更大。

GMO安全性检验是个相当长期的事情，可信的结论要有长时段的数据支持，但有关GMO的管理和法律控制一直要进行。法治社会讲究有法可依、有法必依，涉及科技的事物自然也不应当例外。关于GMO，中国是有若干法律法规的。目前有若干个人、团体和部门违反中国现有的法律、法规，受到了举报，却不了了之。这就很成问题。现有的法律、法规可能存在问题，但在废除之前它们仍然有效，想改变它们必须通过正当渠道，通过偷偷摸摸扩散种子造成既定事实来达到自己的目的，是不正当的。

2014年的"两会"上，有多名代表提出关于GMO的议案，媒体起先也有一些报道，后来听说"受压"，只有极少数媒体还在跟踪。两会代表的声音都不能充分传播，可见GMO的势力有多大。

中国关于GMO的确要加强更细致化的立法，对违法行为给出清晰的处理办法。立法时要充分考虑到非科技工作者的话语权，要充分考虑科技工作者中从事非转基因工作成员的话语权。

田松（2014.03.17，波士顿）：最近看到中国政法大学教授何兵也参与到转基因的讨论之中了。把转基因这个社会事件引向法律渠道，通过法律手段来解决，我觉得是一个不错的方向。就像王海打假，总是通过法院，利用现有法律来打假。这也是倒逼改革的一种形式吧。通过正当的法律程序，对转基因的研究、推广、商品化进行约束、规范和限制；对科学家（不仅是转基因科学家）的科学活动进行约束和限制，这是对社会的保护，也是对科学家的保护。史学家科林伍德有过类似这样的话，人类的技术在近一百年来有着巨大的飞跃，但是人类的道德与两千年前相比，差不了多少。所以人类目前处在一个危险的状态，好比一个四岁的孩子在玩一个炸弹。我们常常看到科学家宣称他们能够控制所研究的对象，转基因科学家这么说，核专家这么说，纳米专家也这么说，就好比玩炸弹的那个四岁孩子，他自己不知道自己的玩具有多危险。技术的威力越大，负面效应也越大，已经大到人类所承担不起的程度了。我们必须认识到这个现实，科学的技术已经成为一种危害社会的力量，成为一种对我们的生存基础——地球生态——具有摧毁性的力量。人类如果不能找到约束科学和科学家的有效方式，任由那个幼儿园孩子玩炸弹，那么，整个地球生物圈，整个人类的生活，就处在非常危险的状态。一触即崩！

刘华杰（2014.03.17，北京）：是否尊重法律，这是考验现代社会中一个人是否具有对话资格的重要指标。连法律都不尊重，还能尊重什么？我看好王海打假，也是因为他在法律的框架内行动，他相信法律。

最近从网上看到一条消息：英国《每日邮报》发表了一篇调查，指出大卫·包孔博（David Baulcombe）、乔纳森·琼斯（Jonathan Jones）、吉姆·邓威尔（Jim Dunwell）等5位声称独立的科学家并非真正独立，他们与转基因公司有种种联系，其实是利益相关者[1]。中国也有类似的科学家，我就不点名了。这些科

---

[1] POULTER S, SPENCER B. Scientists' widden links to the GM food giants: Disturbing truth behind official report that said uk should forge on with Franken foods [N/OL]. http://t.cn/8sLXZcP.

学家批驳公众的反基因主张，嘲笑公众的愚昧无知，很难令人信服。实际上，非独立，也并非不可发言，人人都可以表达自己的利益关切。只是这些科学家没必要假装独立。追究一下，他们为何假装独立？这与过去科学（家）把科学及科学家描述为客观性的化身、真理的代言人有关。在科学哲学的层面看，百姓容易受那种朴素科学实在论观念的诱导，往往只看到其科学家身份而没看到他们的利益所系。因此，长远看，更新科学观十分必要。

从科学知识社会学（SSK）的观点看，发言者有利益关切不可怕，但不能有意隐瞒。在 SSK 看来，任何判定、决定、决策都是建构的结果。重要的是争取透明、程序合理。那些从事转基因研究的科技工作者，可以从自己的切身利益出发宣传 GMO，但首先要说清楚身份，让人们知道他们自己的利益在哪里。

田松（2014.03.17，波士顿）：崔永元自从介入转基因事件，干了两件大事。首先是以记者的身份，自费来美国采访转基因问题，公开发布纪录片，放弃版权，使转基因事件变成一个更大范围的公众事件；其次是以政协委员的身份，参政议政，质问农业部，调查中国国内的转基因滥种的情况。由于小崔个人的知名度，这两件事都不可避免地成为新闻热点、新闻事件，所以转基因的信息壁垒实际上已经被打破了。禁令只会火上浇油。又由于转基因作物所导致的危害如此之广泛，如此之巨大，即使是有权发布禁令的人，他们自己、他们的亲人和他们的后代，都难以避免。

今天早晨起来，又看到了有人转发凤凰卫视《名人面对面》采访崔永元。可以为旁证。

如前所说，这件事儿可以从多个角度解读，我们讨论了科学传播的问题，科学家的责任问题，用法律来约束科研活动的问题，事件还在继续发展。

现在可以说，从社会舆论的角度，反转的声音越来越强，已经成为主流。而挺转派迅速丧失了他们可能有的社会形象、道德形象和公信力。我想起你当年说过的话，要感谢某某，不然不会这么快走到科学主义的反面——原来捍卫科学的就是这样一些人。我想很多人也会有类似的感慨,原来挺转的都是这样一些人。

在挺转反转的对决中,原本反转派处于极度的劣势,挺转派有科研集团、资本集团、政治集团的三大后盾,可以直接制定政策,投入百亿巨资,干预媒体,购买媒体,而反转派啥都没有,一些游兵散勇,没钱没权。盘算起来,反转派有这样一些人:一部分来自哲学、历史、社会学、经济学以及文艺界的不同领域的知识分子,一部分从事生态学和传统农业研究的科学家。前者被认为不懂科学,没有发言权;后者也被指责不研究分子生物学,对转基因问题没有发言权,而且还经常被自己的领导要求少说话,比如蒋高明。这些人都是孤军作战。稍微有点儿组织的是一些对过去有所怀恋的群众,一些"左派人士",这一点政治倾向也被挺转的英美媒体拿来说事儿,说中国的反转有政治目的。总结起来,还有一个共同的特征,反转派中,没有一个人是专门反转的,没有一个人是把反转当作职业的,没有一个人的反转是职务行动。大家都是凭着自己的良心和对世界的基本理解,站到了反转的立场上。而挺转派恰恰相反。

小崔介入转基因,并且迅速站到反转的立场上,是反转挺转的一个分水岭。而此后以政协委员身份跟进,深度投入,更是值得称赞。你建议应该给小崔发科学传播奖,小崔当之无愧。我甚至要建议授予他民族英雄的称号!

在反转过程中,还有几位身在海外的学者值得一提,比如亦明、曹明华、刘实,这几位各自有各自的职业,但是都投入了大量心血在反转活动中。并且,他们都有相关的专业背景,所以他们能够从科学细节上阐释转基因的危害,揭露挺转派的谎言。

另外我想提的是我们的吴燕,她所翻译的《孟山都的世界》为反转派提供了思想武器。这也算是学者直接参与社会活动的方式之一,也应该获得科学传播奖。

刘华杰(2014.03.18,北京)我倒没你乐观。GMO 扩散,长远看还不明朗，目前反转只能说突破了个别壁垒，对，只是个别壁垒。另外，我也不认为 GMO 就一定是坏东西，对 GMO 要一个一个地研究其安全性。我所反对的只是在目前情况下有人急于推广 GMO。

田松（2014.03.18，波士顿）：这倒也是，反转人士内部，对于转基因的反对程度也很不相同。我是属于比较激烈的，比较极端的。我相信这种技术本身就是邪恶的，如同潘多拉的盒子，注定会对生物圈整体构成伤害，也注定会对人的身体造成伤害，无论是哪一种。所以我也反对一个一个地研究安全性，而是主张对所有的转基因技术采取同样的态度，包括所谓的制药。这属于反转人士内部之间的争论，是下一步的事儿。

至少就目前而言，反对转基因作物的商业种植，是反转的共识。而这种共识，是符合当前国家法律法规的。

作者简介：田松，1965 年生，理学博士、哲学博士，北京师范大学哲学与社会学学院教授，研究方向为科学哲学、科学史、科学人类学和科学传播等；刘华杰，1966 年生，哲学博士，北京大学哲学系教授，研究方向为博物学史、科学哲学、科学社会学等。

风吹不散
——关于雾霾及柴静的《穹顶之下》

田　松　刘华杰

田松（2015.03.01，北京）：华杰，去年秋天你建议讨论一下《洛杉矶雾霾启示录》，期末杂事儿多，拖到昨天也没有展开，却看到了柴静的《穹顶之下》，我昨天夜里看完已经两点多了，很震撼。我在微博上说，这是继崔永元转基因调查之后，央视离职人员对国人的又一大贡献；也注定和崔永元调查转基因一样，成为中国科学传播史上的一个重大事件。今天早晨起来，让我意外的是看到很多人在批评柴静，各种理由五花八门。不知道你看了没有，有什么想法？

刘华杰（2015.03.03，北京西三旗）：在福冈时收到你的邮件。昨天从福冈飞北京，经停大连。接近大连时，天空像发生了"相变"，亮蓝色变成了死灰色，城市上空盖着一厚层橘黄色的穹顶（dome），大连如今怎么污染到了这种程度！其实，乘飞机我已有多次同样的经历了。今天一早在学校便看了《穹顶之下》。我同意你的判断，崔永元和柴静都非常优秀，希望这样的媒体人多起来。大众传媒成为科学传播的主力，这是多年前国盛、你、我等人做出的一个断言或者给出的一项建议，当时主流科普界对此非常怀疑，现在可以肯定地讲，我们的想法是正确的。中国的各种记者，只要有正义感有判断力，深入调查，也是可以做出重要成就的。《穹顶之下》给我留下最深刻印象的是，石化行业主导制订油品标准（虽然后来中石油副总工程师万战翔发文认为并非如此），那个标准化委员会主任的一番话令我想起小崔所针对的转基因行业。在转基因生物安全性问题上，目前也是利益团伙，如同独生子"两桶油"一样，在制订标准。他们打着科学的旗号，打着权威的旗号，干的却是危害国家安全和百姓健康的勾当。

田松（2015.03.04，北京）：现在我们的对话终于没有时差了。从我们的专业看，柴静这个片子可以讨论的内容很多。比如从科学传播的角度：独立媒体人的科学传播制作，网络时代自媒体的传播形式，记者如何对科学技术事件展开调查。对于柴静调查的对象，柴静所关心的问题：雾霾是什么，从哪儿来，我们怎么办；再拓展开来，从一般性的环境和生态问题的角度看，雾霾意味着什么；最后，从文明的角度，从生态文明的立场去讨论。我们按照这个次序，一步一步地说，也可以穿插着，对于各种类型的批评给予回应，你觉得如何？

还是先说科学传播吧，当初我们讨论过科学传播的主体，可能有科学家、政府、企业、专业科普作家、大众传媒。以往传统科普认为，科学传播的主体应该是科学家，但是科学传播本身是一个专业活动，并非懂科学的人就自动有能力从事科学传播，这也是我们当年办科学传播研究生课程班的出发点之一。政府和企业，当然可以作为科学传播的资助者、推动者、发起者，但是要具体操作，还是需要相关专业人士。专业科普作家也是传统科普的一支重要力量，但是事实上，今天的科学传播队伍中，他们的贡献越来越少了。而且，作者队伍基本没有扩充，少有年轻人介入。在我们这个科学时代，重大事件总是难免与科学有关，所以大众传播在客观上和事实上，通过其对社会事件的报道，已经成为科学传播的主体。

不过，崔永元和柴静的情况又有所不同，他们都是前央视记者，在进行转基因和雾霾调查时，都没有公职，也未受雇于任何机构，甚至有意识地拒绝了资助，完全自掏钱包展开调查。最绝的是，他们都把调查结果免费发布在互联网上。他们的身份类似于欧美国家的独立调查记者。只不过，独立记者总是要把作品出售给某一个媒体，这样才可持续。

刘华杰（2015.03.04，北京大学）：在科技时代，谁能、谁有资格做科普、做科学传播？这是件重要的事情，必须明确回答，不能含糊。在相当长的时间内，受制于传统的科普观，人们想当然地认为是行业内的专业人士最有资格，或者唯独他们有此资格。其他人因为不懂科学技术的专业细节，因而要靠边站，即使允许你发言，当有争议时也要听专家的。就单纯"听专家的"而论，也有一定根据，问题是哪个方面的专家。一名优秀的物理学家对于某个领域的物理学问题或者他正在研究的特殊物理问题，的确是专家，但对于一般性的科学事务他未必是专家。做转基因技术的，对于生态安全、食品安全、国家安全、公众的需求，可能不是专家。

从现代的科学传播观念看，对于谁能做科普、科学传播的发问，会给出不同于以前的回答。科学事务涉及方面很多，内外之分也是相对的，社会因素渗透于科学事业（或事务）的各个层面。科学传播要满足受众的需求，而此需求是多样的，包括基本原理、一般性事实、参与人员与经费、利益相关情况、后果、具体受益方等。涉及的不仅是科学原理、科学方法，还有操作程序、社会运作过程、投入产出分析、伦理审查等。公众特别想知道，某项科技进展意味着什么，对自己有什么影响，对环境有何影响，短期和长期后果如何。谁能回答这些问题，原则上没有人能够完全满意地回答全部问题，因为许多问题包含着不确定性。但是的确需要有人来谈论相关问题，注意是"谈论"，而不是决定性地"宣判""告知"。既然是谈论，就要有多主体参与，有来有往，可以彼此质疑。

说到这里，崔永元、柴静等媒体人，确实较适应做相关的"谈论"专题或者节目，以前做别的节目时他们表现得不错，关于科学话题他们也可以做好。至于他们是不是最佳人选，这个不好说。可能不是，那么谁是呢？有质疑者认为小崔或小柴不适合做科学传播，那么谁更适合？他们做了什么？

田松（2015.03.07，北京）：去年崔永元的转基因调查纪录片出来之后，就引起很多非议，有一种比较典型的观点就是，崔永元不懂科学，所以他做的纪录片不靠谱（著名网络作者王小山便持此论）。如你所说，人们还停留在以往的"科普时代"，仿佛进行与科学相关的调查就需要懂科学，就需要告知公众一个关于具体科学知识的权威的、确定的、唯一的标准答案。显然，如果按照这个标准去要求科学传播，那么，科学传播是不可能的。因为科学本身是一个动态的过程，尤其是在特别引起关注的社会事件中，即使是科学界内部也会有很大的争议。因而也不可能如人所愿地有一个标准答案。

如你所说，一个社会事件涉及多方面的问题。具体的科学知识，只是其中很小的一部分。科学家仅仅对于这一部分而言是专家。比如转基因问题，至少涉及为什么转，怎么样转，转了以后会产生什么后果这样几个方面的问题。转基因科学家只是"怎么样转"的专家，对于其他部分，则不是专家。要对一个社会事件进行一个多方位、多角度的描述，需要一个专门的报道者。

除此之外，还有一个重要的原因是，科学共同体是否需要接受社会监督？

如果我们承认科学共同体也是一个利益共同体，那么就应该同意，科学共同体需要接受社会监督。那么，在进行关于科学事件，或者以科学为核心的社会事件的科学传播时，便不能以科学共同体的是非为是非，就需要一个独立于各种社会主体、社会力量之外的执行者。如果不存在一个这样的执行者，那么，最合适的方案应该是由多个执行者，发出不同的声音。

在这方面，无论是崔永元，还是柴静，都发出了一个相对独立的声音。

刘华杰（2015.03.07，西三旗）：多年前我便讲过"科学共同体的神秘性"，事实上科学共同体有多个，有大有小。当讲科学共同体的共识时，也要让人明白是哪个领域、哪个层面的。科技工作者有专业特长，很难保证他们不利用它做坏事。与空气污染相关的一件事是，添加锰剂可以让炼油企业用较廉价的手段实现汽油标号的提高。这类似于加入化工原料三聚氰胺可以提高检测计测试出来的牛奶蛋白质含量。专业科技知识不足的人士，肯定做不出如此"机智"的事情来。

我注意到，在2015年的两会期间，崔永元再次提出转基因问题，这次小崔变得老练一些了，特别声明这回不谈转基因食物的安全与否问题，而是谈违法滥种问题，并列举出许多事实。谁在滥种？科学家参与了多少？违法过多少次？一个不可回避的问题摆了出来：科学家、科学共同体要不要遵守法律法规？在现代社会中，这几乎是废话，因为原则上没有人能够超越法律。但是在唯科学主义的社会中还有一句潜台词：科学真理似乎某种程度上高于现行法律！我猜测，正是这样的潜台词加上利益的诱惑，使得一些科学工作者胆大妄为、无法无天。

回到柴静的片子，就科学传播来讲，柴静自己可以揽下的任务看似轻松，实际上却是很重的，好在她凭借多年的媒体人功夫，在传播中能够以情动人，弱化了其他方面的不足。总体上看，这是一部令人震撼的环保片，新上任的环保部长公开表示赞赏，也是值得肯定的。不过，正如我们都看到的，在网上恶毒攻击柴静的也不少，平和地表示不赞同的也有若干。我认真读了"为辩而辩的S"的反驳文章，想起张冀峰写的一段话："情感教育的匮乏通常是危险的，通常会导致自负、冷漠、野蛮、残暴等不良心理行为，比如在动物保护问题上，苦口婆心给一些人讲道理通常是没有用的，他们甚至更善于辩论。"在对待雾霾问题上也一样。雾霾在不在？我们每个个体都能感受到，柴静并没有过分夸大现实的严峻性。一些反驳论证讲来讲去似乎是在暗示：雾霾不是个事，即使是也不是件大事，相对于国家的强大和发展主题，雾霾是可以忍受并且应当忍受的。

这些让我想起你以前提到过的辩论、写作的目的与手法。我也再次想到你关于城市快速发展和能源过度消耗的一种"马力"换算，因为它形象、可感，因而对于公众更有说服力。

你如何看此片子中柴静所做科学传播的特色？

田松（2015.03.15，北京）：还没有什么感觉，竟然过去了一个星期。抱歉。

前天在清华做了一个讲座，就是关于柴静这部片子的。为此，我把《穹顶之下》几乎又重新看了一遍。我越发觉得这是一个精品。布局妥帖——视频、照片、图表、音乐各种多媒体形式繁而不乱；文案考究，台词精致，各方面都下足了功夫。其中有个人体验，有理论分析，有激情，也有理性。

现在大家普遍说《穹顶之下》是一部纪录片，这是一个误会。至少就目前网络上发布的版本来说，《穹顶之下》不是一部纪录片，而是一场演讲的录像，说是一堂大课，也不错。在这部片子里，柴静充当了多重角色。首先她是老师，是讲故事的人，她把她的经历、她的想法，通过自己的讲述和背后的屏幕告诉大家。在背后的屏幕里，她是记者，让别人在她的镜头里讲故事。

诉诸情感，在以往的科普观念下大概是要被排斥的。在柴静遭到的诸多指责之中，"煽情"是罪名之一，她女儿的故事以及她所说的"个人恩怨"也招来颇多微词。但是在我看来，所有这些，都在她整个叙事框架中起到了重要的作用。

很多人没有看懂，包括第一次我也误解了，认为柴静暗示了女儿的肿瘤与雾霾之间有所关联。但是第二次看，发现柴静完全没有这种意思。说及女儿，在这个片子中，完全不是可有可无的，而是至关重要的。

正是女儿的出现，使得柴静的个人角色发生了变化。以前是职业女性，敢闯敢拼，不在乎污染，不在于雾霾，"去哪儿都不戴口罩"，但是有了女儿之后，她成为母亲。保护孩子是母亲的天性。母亲可以为保护孩子付出更多，牺牲更多。从前不在乎的事情，变得严重起来。由于角色的转化，柴静对于世界的认知方式发生了巨大的改变，应对方式同样发生了变化。所以这是柴静制作此片的最大动机，私人恩怨不是调侃，而是一种非常严肃、非常庄重的姿态。她的潜台词是：你威胁到我的孩子了，你伤害到我的孩子了，我要跟你拼命。这种姿态，驱使柴静在辞去公职之后，自费进行调查，制作这部影片。也是这种母爱，唤起很多母亲的共鸣。在整个片子中，这个主题多次重复。影片还出现了一位黑人母亲，也有类似的表示。

柴静的整个行为，用生态女性主义可以做出非常好的解释。

刘华杰（2015.03.15，北京西三旗）：同意你对片子的分析与定位，它确实是一次精心准备的讲座，也可以说是一场超长的TED演讲。女性对大自然，对环境变化，对人生相对而言更敏感，用历史学家托马斯的一个词来讲，她们显现出更强的"感性"。媒体也指出，柴静事件立即让人们想起卡逊。实际上我还可以举出《自然之死》作者麦茜特（Carolyn Merchant）和连续内共生理论（SET）创始人马古利斯（Lynn Margulis）的例子，博物学史中更有一大批优秀女性。另一个例子是，不久前，清华大学的女研究生陈巧玲到各地农场、食品企业、批发市场、农贸市场调查，在吉林大学自费出版了《中国食品安全档案》。环境污染、食品安全，涉及全民的大事，为何只有柴静、陈巧玲这样的柔弱女性站出来发声？那些比她们更优秀的男人哪去了？那些纳税人供养的专业环保人员、食品安全检测和监管部门哪去了？生态女性主义，确实可能是一个非常恰当的解释，当今的社会，女性地位并没有得到根本改善，大自然什么样，女性就什么样。

昨天上午在十二届全国人大三次会议记者会上，美国《赫芬顿邮报》记者问李克强总理柴静片子中提到的"两桶油"的相关问题："中石化、中石油这两个央企一直在妨碍环保政策的制定和执行，尤其是汽油质量标准的确定和天然气的推行。您认为这两个央企真的在阻碍环保政策的落实吗？如果这样的话，中央政府会怎么冲破这种阻力？"不管回答是否令人满意，这样的追问能够提到相当高的层面来讨论，本身就有柴静巨大的功劳。

昨晚推迟播出的一年一度的《315晚会》揭露：山东省东营市、滨州市许多名正言顺的厂商调和各种石化原料生产多种型号的调和汽油，一吨能便宜 2 000～3 000 元，这些油一次又一次通过了质检部门的检查，也符合相关的国家标准。但是，它们并不是真正的汽油，只是在检测指标中满足相关标准。调和油含甲缩醛，易造成汽车线路漏油，还会挥发有害气体，污染环境，影响健康。晚会暴料仅山东就有 200 多家这样的非法企业明目张胆地生产调和油。这与三聚氰胺毒奶一次又一次通过质量检查，简直是一个逻辑。看来还得重复一下：科学检测对于某食品的质量及某油品的质量既不充分也不必要，或许很重要。

田松（2015.04.07，北京）：每次总是在我这儿缓下来。对话已经持续了一个多月，这期间又发生了两件事儿，与我们的讨论间接有关。一个是崔永元在复旦新闻学院的讲座，引来复旦生命科学学院教授卢大儒砸场，可笑的是，卢教授似乎也是为砸场而砸场，他并没有听到崔永元的讲座，因为到的时候，已经是提问环节了。另一件事儿是昨天发生的，漳州 PX 工厂发生爆炸。这家工厂原本打算建在厦门，但是由于厦门公众激烈反对，散步抗议，未能建成。曾有很多科普人士坚称，PX 的毒性比食盐还低，厦门公众的反对属于无名恐慌、无知恐惧。更加有意思的是，有位福建籍的网络名人还曾宣称，PX 移建漳州，是漳州捡了大便宜。

忽然意识到，从我们建构科学传播理论至今，竟然有十多年了。在这方面，你当初做了很多工作，比如关于科学传播主体的研究，尤其是提出了科学传播的立场问题，传播科普是国家立场，公众理解科学是科学共同体立场，科学传播是公民立场，让我有种豁然开朗的感觉。科学传播与 SSK 结合起来，理论的广度和深度都大大拓展了。如今，有个问题一直没有彻底解决，就是公民立场何以可能？我还曾经专门写过文章，对于公民立场进行了重新阐释，但是一直没有合适的作品作为案例。如今，在有了崔永元与柴静这两部作品之后，我觉得，我们可以说公民立场的科学传播已经出现了。崔永元和柴静都已经不是体制内的新闻从业人员，他们是以个人身份进行着各自的调查，既不代表国家，也不代表科学共同体。同时，在这两部作品中，政府是被问责的对象，崔永元问责农业部，柴静问责环保部、质监局；科学家在这两部作品中，都不拥有最高话语权。作品中的公民立场，极为鲜明。

刘华杰（2015.04.08）：这一阵子发生了许多相关的事情。3月中旬（20—21日）欧洲突然出现重度雾霾，巴黎埃菲尔铁塔几近"消失"，伦敦也再次成为"雾都"。欧洲先进国家其实并没有根除污染问题，只是暂时搁置了污染，一旦条件恰当，会重现昨日的"辉煌"。与此形成对照的是，北京进入4月初后大幅降温，风也非常大，天空蓝得很，好像根本不存在污染问题，媒体和百姓也迅速忘记了不久前的可怕天气。北京天空蓝不蓝，要看老天爷脸色，风大一点，就一切OK。这两件事提醒人们，中国的治污道路长着呢，首先是对问题的严重性认识不足。

刚才你提到由厦门转嫁到漳州的"宝贝"PX项目，当年厦门部分百姓的奋起抗议现在看来并非故意"找事"，那些"最讲科学的"人当初告诉百姓那个PX项目如何安全、环保，简直成了笑话。截至今日，漳州PX工厂发生爆炸事件仍然没有平息。4月6日，漳州古雷的腾龙芳烃二甲苯装置发生漏油着火事故，引发附近中间罐区三个储罐爆裂燃烧。据新华社报道，三个储油罐的火情经历了扑灭，复燃，再扑灭，再复燃的情况。8日（今天）上午，在三个储油罐发生爆燃之后，第四个储油罐发生爆燃着火。

对于高科技时代的安全问题，谁有发言权？这是科学传播领域的问题。科学传播理论必须面对这样的提问。从旧的理论看，无疑只有少数专业科技工作者才有发言权，而在我们提出的新型科学传播理论看来，完全不是这样。大量事实也表明：少数专家的意见未必靠得住，而普通百姓的意见也未必都是错的。你一直关注公民立场何以可能，多年前我们讨论过，这确实是核心问题。崔和柴属于公众人物，但与专家相比，他们仍然属于"普通百姓"中的公众。按我们的理论，崔和柴当然有发言权，可以基于自己收集到的证据进行判断，可以质疑科技工作者的观点。那些没有他们出名的草根公民，也同样具有这样的权利和能力。在今日社会，这本来属于正常的思维，但是总是有一些人（大多是科学主义者）不想赋予公民这样的权利。

雾霾，风吹不散！要真正解决雾霾问题，需要改变思维，反省整个工业化模式。反省，不是几个人反省，更不能指望既得利益者先反省！

田松（2015年4月8日，北京）：今天上午毛达博士的博士后出站报告，赵章元先生也参加了，他是坚定反对垃圾焚烧的一位学者，中午吃饭的时候，他说起了一件事儿，印证了我最初对雾霾的猜想。2013年初，北京深陷雾霾，很多人开始讨论雾霾的成因。传统上我们习惯寻找单一原因，再针对这个原因寻找技术解决的方案。不过我当时有个直觉，我相信雾霾不是单一原因造成的，也未必是近期原因造成的，而是生态系统整体紊乱的一个表征。冰冻三尺，非一日之寒。今天，赵章元先生说，在大气层中存在一个巨大的棕色云团，这个棕色云团飘到哪儿去，哪儿就会被雾霾笼罩。

在太平洋中，漂浮着两个巨大的塑料大陆，全世界流进海洋的塑料垃圾顺着洋流，汇集成洲，它们将永远漂浮在太平洋中。基于同样的道理，我对赵先生所说的棕色云团一点儿也不觉得奇怪。

关于雾霾，以及其他的环境问题，人们本能地首先考虑技术解决。在保留社会结构的前提下，发明某种神奇的技术，解决问题。然后是管理解决，在保留整个文明框架的前提下，对社会的某些结构做局部调整，以期解决问题。但是在我看来，这两项都不能从根本上解决问题，当然我愿意相信，恰当的管理能够在一定程度上缓解问题。不过，归根结底，我相信这是工业文明本身的问题。雾霾等环境问题此起彼伏，按下这个，起来那个，人类必须及时转向，走向生态文明。

科学文化图书资讯

科学文化书籍信息（十）

江晓原（上海交通大学）

　　近期出版的与科学文化有关并且有价值的书籍信息以及简要述评。每种皆至少为本人亲自披阅，有些还曾撰写评论。

　　《淑种之求——优生学在中国近代的传播及其影响》，蒋功成著，上海交通大学出版社，2014 年 6 月第 1 版，定价：58 元。

　　世界上有政治不正确的真科学，也有政治正确的伪科学。到底什么是优生学的精义？两难之下，三复斯言。

　　《好莱坞：电影与意识形态》，（法）雷吉斯·迪布瓦著，李丹丹等译，商务印书馆，2014 年 7 月第 1 版，定价：32 元。

　　美国的意识形态无疑隐含在好莱坞电影的形式和结构之中，好莱坞电影不仅推广美国生活方式，还刻意将一种思维方式强加于观众。

　　《中东天文学简史》，约翰·斯蒂尔著，关瑜桢译，上海交通大学出版社，2014 年 8 月第 1 版，定价：35 元。

　　出自两河流域天文学史权威学者之手，虽然

篇幅不大，内容却相当丰富。

《违童之愿：冷战时期美国儿童医学实验秘史》，（美）艾伦·M. 布鲁姆等著，丁立松译，生活·读书·新知三联书店，2015年1月第1版，定价：35元。

许多天真的中国人——特别是那些从未出过国门的——喜欢将美国社会想象成一片人间乐土，相信那里公平公正，国家富强，人民幸福，蓝天白云，祥和安宁。其实美国的许多真相，你只需读读一些美国人的著作就能了解，这本《违童之愿》所讲的事情，就让人相当震惊。

在我们以前习惯的认识中，第二次世界大战期间德、日法西斯利用战俘等所做的那些臭名昭著的"人体科学实验"，都是毫无疑问的战争罪行。纽伦堡审判谴责并惩处了德国法西斯医学专家的这些罪行，日本法西斯"731部队"所做的类似行为也遭到世人的声讨。这种违背医学伦理的实验不可避免地和"罪行"联系在一起。所以，当我们从《违童之愿》中看到，美国竟早就在本土实施了类似的实验，而且实验对象竟是本国公民时，不能不感到非常意外。更为令人发指的是，这种行动事实上早在冷战之前的20世纪40年代就已经开始了——在时间上倒是和德、日法西斯的"人体科学实验"不相伯仲。

《明末清初西方画法几何在中国科学院的传播》，杨泽忠著，山东教育出版社，2015年1月第1版，定价：56元。

画法几何是中国传统文化中没有的学问，明清之际从欧洲传入，在现今的文化生活中默默扮演着重要角色。

《性审判史：一部人类文明史》，（美）埃里克·博科威茨著，王一多等译，南京大学出版社，2015年3月第1版，定价：39.50元。

基本上是一本世界性风俗史，特别强调了性风俗在不同文明和不同时期的多样性。记者写的作品往往流畅可读，猎奇的功夫也没少做，但并非严谨的学术著作。

《**女性主义科学编史学研究**》，章梅芳著，科学出版社，2015年6月第1版，定价：99元。

章梅芳在本书绪论中，已经明确区分了科学、科学史、科学编史学三者的研究层次，并指出三者的研究对象依次为自然、科学和科学家、科学史和科学史家。借用北大刘华杰教授喜欢用的措辞，那就是：科学研究是一阶的，科学史研究是二阶的，而科学编史学研究则是三阶的。注意到这一点之后，再来看章梅芳在该书第三、第四章中所叙述的由西方学者进行的12个可以归入女性主义科学史范畴的研究案例，就可以发现，在一本编史学研究著作中，提供这样的案例述评是非常有益的。

《**互联网＋：国家战略行动路线图**》，马化腾等著，中信出版社，2015年7月第1版，定价：58元。

互联网技术的洪水冲决以往各种准入限制，各行各业大洗牌，最终达到打破垄断、降低成本、提高效率的新局面。

《**匠人**》，（美）理查德·桑内特著，李继宏译，上海译文出版社，2015年7月第1版，定价：45元。

书名恰好与近期另一本中国作者的同名图书撞车了。桑内特的《匠人》是一本非虚构作品，跨越古今，渊博浩荡，试图从古代匠人和他们的技艺及精神中寻求启示，来帮助解决我们今天面对的一些问题。不过在作者本人技艺纯熟的过度学术包装之下，该书不时给人不知所云之感。

《**核潜艇闻警出动**》，阿·约尔金著，上海师范大学外语系俄语组译，上海交通大学出版社，2015年8月第1版，定价：48元。

这是一部苏联小说，首先连载于1971年《青年近卫军》杂志的前三期，次年又做了修订和扩充，篇幅增加了一倍以上，其后便付梓成册。作者声称，"书中所有的信件、日记都是真实的"，因此该作品又被称为"文献性中篇小说"——在我看来，这颇有点 20 世纪 80 年代在中国流行的报告文学的味道，当然，或许真的影响了那时的军事报告文学也未可知。

《博物学文化与编史》，刘华杰著，上海交通大学出版社，2015 年 8 月第 1 版，定价：58 元。

这是作者主编的"博物学文化丛书"已出品种中最具学术价值的一本，书中包括"博物学论纲""博物学编史纲领"等纲领性的历史文献，极具思想性、创新性和启发意义。该书在理论上所开拓的学术道路，将是一条不乏野草闲花的阳关大道。

《大数据主义》，（美）史蒂夫·洛尔著，胡小说等译，中信出版社，2015 年 9 月第 1 版，定价：49 元。

人人都在谈论"大数据"，现在干脆造出一个新词"Dataism"。不过和常见的只知道为"大数据时代的到来"而欢欣鼓舞有所不同，作者对大数据的负面作用有所警惕。作者不仅讨论了大数据时代的"隐私黑洞"，而且不无深意地将大数据造就的未来社会称为"美丽新世界"。

《爱因斯坦社会哲学思想研究》，杜严勇著，中国社会科学出版社，2015 年 9 月第 1 版，定价：62 元。

虽是许多学者通常不屑一顾的"项目书"，但平心而论，"项目书"中也有好书，以前我也推荐和评论过。况且此书还相当有趣味，这在"项目书"中就比较少见了。

《丈量世界》，（德）丹尼尔·凯曼著，文泽尔译，南海出版公司，2015 年 9 月第 1 版，定价：27.30 元。

这不仅是一部描写科学的小说，更是一部探讨人生的剧本，高斯和洪堡的科学成就，似乎只能作为一种注脚，用来映衬两位奇人的独特性格与心路历程。高斯敏感自负、蔑视凡尘的性格显现无余，他常常因为自身的高贵灵魂寓居于平凡的身体而感到无奈，认为世上没人能像他一样真正洞悉这个世界的奥秘。而洪堡近乎疯狂与痴迷的科学探索热情，竟使得与他一同进行五年考察的科学家邦普兰饱受折磨，他"曾经无数次诅咒洪堡被剁死、射死、烧死、毒死"。

《钱三强与中国科学》，黄庆桥著，上海交通大学出版社，2015 年 10 月第 1 版，定价：55 元。

书名虽不那么引人入胜，却是优秀青年学者的心血之作，以严谨的学术态度研究了中国当代科学技术史上的重要人物之一钱三强，小中见大，志存高远。

《火星救援》，（美）安迪·威尔著，陈灼译，译林出版社，2015 年 10 月第 1 版，定价：38 元。

看在同名改编电影正在热映的份上，就推荐一下。其实这是一本缺乏思想价值的作品，不妨视为"科普小说"——尽管其中貌似很"硬"的科学技术细节也并非处处经得起推敲。

《天年》，何夕著，四川文艺出版社，2015 年 10 月第 1 版，定价：32 元。

本书是中国科幻作家一次在时空大尺度上展开想象力的新尝试，刘慈欣说阅读本书是"经历一次震撼灵魂的末日体验"，韩松说这本书"里面寄寓着科幻的真正灵魂"。

《工开万物——17 世纪中国的知识与技术》，（德）薛凤著，吴秀杰等译，江苏人民出版社，2015 年 11 月第 1 版，定价：48 元。

本书作者现任德国马普科学史研究所所长，本名"Dagmar Schafer"，按照西方汉学家的惯例，她有一个中文名字——薛凤。薛凤教授前不久刚刚来上海交通大学，和我们科学史与科学文化研究院签署了双方建立合作关系的正式协议。本书是对明代中国学者宋应星的研究专著。宋应星以《天工开物》这部被誉为 17

世纪中国的工艺百科全书而名世，这也正与马普科学史研究所重视中国工艺技术史研究的传统相合。所以本书虽属在我们的专栏中涉及较少的类型，却是一部从各方面来看都是融洽自然的著作。

《切尔诺贝利的悲鸣》，（白俄罗斯）阿列克谢耶维奇著，方祖芳等译，花城出版社，2015 年 11 月第 1 版，定价：42 元。

在切尔诺贝利核电灾难 30 周年之际，重温女作家在采访近百位幸存者和相关人员基础上写成的血泪文字，不能不引发对核电的沉重思考。

《蒙古族公众的蒙医文化：一项关于公众理解医学的研究》，包红梅著，金城出版社，2015 年 11 月第 1 版，定价：38 元。

本书作者包红梅是蒙古族人，又受过科学哲学方面的专业训练，她来处理这一课题具有独特的优势。这本以她的博士论文为基础写成的著作，既可归入科学史的范畴（少数民族科学技术史），也可归入科学哲学或科学社会学范畴，我还从中看到了文化人类学的色彩。

包红梅的这项工作有着多方面的意义。首先，类似中医所面临的冲击，或者为中医合理性辩护的理由等，都可以平移到蒙医问题上来；因此，反过来，对蒙医的考察和思考，也可能对中医问题有帮助或借鉴。比如，中医合理性的重要证据之一是它的有效性——在西医到来之前，它卓有成效地呵护了中华民族的健康数千年。类似的，蒙医当然也长期呵护了蒙古民族的健康。

《我的凉山兄弟——毒品、艾滋与流动青年》，刘绍华著，中央编译出版社，2016 年 1 月第 1 版，定价：48 元。

这段话对本书概括得实在太好了，请允许我抄录如下："这是一个关于探险玩耍、为非作歹、吸毒劝诫、艾滋茫然、世代差异、文化冲击和兄弟情谊的故事。"

《相对论 ABC》，（英）伯兰特·罗素著，李宁译，译林出版社，2016 年 3 月第 1 版，定价：28 元。

解释相对论的书早已汗牛充栋，为什么这本 1925 年初版的小书还有价值？一是因为它是罗素写的，二是因为它已成科学史史料。

《稻香园随笔》，田松著，上海科学技术文献出版社，2016 年 3 月第 1 版，定价：30 元。

反思科学，反思工业文明，反思现代化。田松教授年轻时人见人爱的专栏文章，思想激进，金句迭出。

《天父地母》，王晋康著，四川科学技术出版社，2016 年 3 月第 1 版，定价：42 元。

王晋康的科幻小说新作，《逃出母宇宙》的续篇，继续讲述人类文明毁灭、重生、复仇的故事。

《阿瓦隆迷雾》（奇幻小说系列），（美）玛丽昂·奇默·布拉德利著，李淑珺译，译林出版社，2015 年 8 月—2016 年 3 月第 1 版，定价：152 元（全 4 册）。

全书包括《阿瓦隆女王》《卡米洛王后》《鹿王》《橡树之囚》四部，可以视为中世纪亚瑟王传奇的现代衍生作品。作者荣膺"世界奇幻终身成就奖"，此书是她的代表作。

《当科学遇见电影》，（美）大卫·柯比著，王颖译，上海交通大学出版社，2016 年 4 月第 1 版，定价：39 元。

讲述好莱坞电影和科学之间的故事。电影其实只需要让你"感知"科学的真实性——实际上的真实性是无关紧要的。找有名望的科学家来为影片站台，有助于促成这种"感知"。

《火星崛起》，（美）皮尔斯·布朗著，王淑允译，江苏凤凰文艺出版社，2016 年 4 月第 1 版，定价：49.90 元。

"火星崛起三部曲"的第一部，介于科幻与奇幻之间，用奇幻作品的手法建构起一个火星世界，讲一个反乌托邦的故事。据说"平庸的人越活越多枷锁，英雄越活越自由"。

《纳博科夫的蝴蝶——文学天才的博物之旅》，（美）库尔特·约翰逊等著，丁亮等译，上海交通大学出版社，2016 年 4 月第 1 版，定价：88 元。

"跨界"这种行为，往往会给人带来快感和满足，甚至带来某种成就感。至少有一部分人是这样，我本人就是如此。中国人说的"玩票"或"票友"，其实就是跨界。纳博科夫完全可以说是"鳞翅目昆虫学"的票友。

如果跨界之后，又能在两界都获好评，那这种满足感就更强烈了，那就是进入"名票"行列了。如果将纳博科夫就视为鳞翅目昆虫学的"名票"，应该是毫无问题的。随着社会分工越来越细，跨界的难度是在逐渐增加的，对于大多数人来说，跨界并非易事。而跨界后还想玩成"名票"，难度就更大，所以才能给人带来成就感。"纳粉"们推崇纳博科夫，如就跨界这一点而言，倒是可以傲视一大堆文学巨匠了。

《生命的未来》，（美）爱德华·威尔逊著，杨玉龄译，中信出版社，2016 年 5 月第 1 版，定价：39 元。

伊甸园由人进驻后，就变成了一座屠宰场，人类正在奔向一个孤独的时代。"社会生物学"理论的创建者、"生物多样性"理论的倡导者，为读者讲述地球正在上演的物种灭绝故事。

《睡魔·1·前奏与夜曲》，（美）尼尔·盖曼著，韩刚译，北京联合出版公司，2016 年 8 月第 1 版，定价：128 元。

作品是名家名作，但这种西式漫画的幻想作品，是中国读者相对陌生的。以往几次引进努力都不很成功，相信这次会有更多的中国读者喜欢。

学位论文摘要

门户网站女性频道中的科学传播分析

作者：贡晓丽

导师：刘　兵

学位：硕士

学科：传播学

授学位学校：河北大学

答辩时间：2013 年 5 月 25 日

　　网站中女性频道的设立，初衷为更加关注女性，增加女性的信息接收渠道，扩大女性话语权。在对女性频道的研究中，女性形象为研究重点，有关女性频道的研究集中体现在女性主义研究的方向上，少有深入透彻的网站女性频道中科学传播的分析，本论文从科学传播、女性主义角度，对三大门户网站新浪、搜狐、网易当中女性频道内容进行全方位的分析，利用两种视角的叠加，审视被受众熟知的女性频道是否符合其设立的初衷，是否存在新的没有被发现的问题。

　　首先，本论文分别梳理了社会性别视角和媒介以及科学的关系。当受众细分、频道专业化的电视改革浪潮邂逅蓬勃发展的女性主义时，专业的女性电视频道应运而生。理想状态下的女性频道应具备一般大众媒介的共同属性，还要满足女性主义的社会性别主张。实际情况是女性频道如雨后春笋般不断涌现，但无论是在生存策略、运营模式、内容生产还是在人员设置、传播效果上，这些女性频道都千差万别，大多与理想状态相去甚远。我们在科学中，常常强调科学是理性的、客观的、抽象的。同时在性别处理上，自觉或不自觉地把理性、客观、抽象等性质归类到男性的属性中，在大多数的文化背景下，这种二分法分出的不同方面分别赋予了不同的性质，科学所强调的这些重要特征在传统文化和意识形态中和女性的社会性别（gender）相联系，它不是被强调而是被忽视的。

确立了论文的性别视角与科学传播视角，第二章分析对科学的理解及科学与大众媒体中的性别偏见。在现代，科学受到高度尊重，称某一论点、推理或研究为"科学的"，是想说明它们包含某种优点或特殊的可靠性。生活科学，则是基于人们的现实生活的需要所形成的对知识的诉求、理解、获取以及运用的过程。这种知识可能来自于学院科学成体系的知识，更多的则来自于人们在日常生活中形成的感性的直观的有用的，但是没有进入到体系层次、未成系统的常识，大多具有经验性。而女性网站中科学技术的介入又对女性的生活产生怎样的影响？是否有利于女性科学素质的提升，传播重点是否在科学生活、科学文化、科学精神的层面？如果不是，科学传播的内容又在哪些方面对女性产生影响？从不同的视角——女性主义的角度分析，解释科学传播的不同侧面。女性主义给我们提供了这样一个合理的视角，而科学在女性网站的传播目的，也因此变得更加清晰。

第三章是对女性频道中传播内容的分析，这是本论文的内容分析部分。对三大门户网站——新浪、搜狐、网易频道女性频道定位、生活科学内容进行详细分析。从网站栏目设置可以看出三家女性频道的雷同性，分析其共同的特点：栏目内容范围狭窄、色彩和格式集中于温和色系、女性形象大多青春靓丽。女性频道中的生活类知识数量众多，但大多集中在美容、护肤、保养、纤体等栏目下，具有较高的类似性，论文中对具有代表性的例子进行分析，美肤、隆胸、防晒、抗皱等手术或产品推荐，看出女性频道的概貌和存在的问题。科技的作用体现在使女性变得更美，更自信，更有魅力，重点在于对女性外表的改变，女人为何热衷于样貌的改变，高科技工具究竟起到什么作用，原因在下文中得到分析。

第四章介绍女性频道的内容风险和高科技产品存在的安全隐患。由于女性受众普遍存在的爱美心理和对科学的信任心理，不易察觉到隐含在科学技术背后的隐患。自身对性别意识认知存在困境，社会性别被构建同样是被女性忽视的问题。

许多人日益把整形手术当作完善自我的一条捷径，而高科技手段的风险包括夸大整形效果、忽略术者手术痛苦、回避手术风险等。无论是广告还是女性频道本身，都希望在公众中建立大的稳定的消费群体，特别是广告商。导致女性频道只关注女性众多角色之中的一种角色，即购物者的角色，女性频道做出的引导像面魔镜，道出了现代人，尤其是女性在某种意义上的生存境遇。

女性的外在形象取代内在特质而成为标准化的性别符号，电视中女性形象的肤浅、表面化和程式化的印象进一步得到强化。这种情况进一步促进了女性尽力向美貌、美体等外表美的方向靠拢和发展，而不是向职业成就领域发展，从而强化了两性的差异和女性的外表魅力的传统特质。由于文化的发展具有历史继承性、阶级性，同时还具有民族性、地域性，因此，媒介如果不树立社会性别平等意识，就必然落入社会性别不平等的传统文化和唯商业至上的商业文化的窠臼当中。媒介存在社会性别成见的文化与经济的原因，进一步表明了媒介树立社会性别平等意识的必要性和迫切性。

论文第五章分析女性频道中的生活科学存在的问题。从性别视角看女性频道生活科学，女性频道中的内容主要关涉化妆、美容、塑形、情爱等方面，有意无意地引导着女性将自身全部的注意力都集中在塑造自己的外在形象，而忽视女性内在美的塑造，女性仍然是被凝视的对象。由于受商业利益的驱使，女性频道的商业性与传媒的社会责任感发生了剧烈的冲突与碰撞，最终使女性频道的传播者生产出现代的外衣，压迫的本质和充满矛盾的意义产品。

从科学传播的视角看女性频道生活科学，生活类科学传播的目的是为了人类能够安全，健康，幸福的生存下去，让普通大众理解科学为何物，认识科学技术的本质和意义，让读者意识到科学的重要性。女性频道的创办者并不是抱着公益宣传的目的进行科学传播，商业利益始终贯穿在科技产品的介绍当中，表面看是科学传播内容，实则是对各种产品的广告宣传。由于性别视角和科学传播视角的缺失，女性频道中生活类科学即没有改变女性的生存状态，也没有使得女性的科学意识有所加强。

通过以上对门户网站女性频道进行女性视角与科学传播研究，本论文得出结论如下：女性频道中缺乏性别意识与科学视角，而这两种视角的缺失，使得女性频道存在忽视女性地位、科学误导受众等诸多问题。本论文试图给出总结及建议如下：从女性主义立场来看，这类女性网站本质上仍然男权色彩非常严重，女性频道仍需加强女性意识；从科学传播的角度来看，女性频道中的生活科学表面在说科学的应用，背后隐藏着对科学的夸大和对科学的不确定性，由于风险认知的缺失，也给女性带来安全隐患等问题，应避免唯科学主义；女性频道的创办者需对科学的基本素养、科学传播的基本知识有所了解，虽然他们并不以科学传播为工作重点，但是网页当中有涉及科学的内容，要做到对受众负责，就要关照这些科学内容的真实性与有效性，加强科学素养与性别意识学习。女性频道中应该选取哪些适合女性的科学知识，仍是网络媒体和社会大众需要思考的问题。

中国传统雷电自然知识变迁研究

作者：**雷中行**

导师：**刘 兵**

学位：**博士**

学科：**科学技术哲学**

授学位学校：**清华大学**

答辩时间：**2015 年 6 月 6 日**

　　笔者长期关注传统中国在西学东渐之际的自然知识研究，在阅读诸多近人研究后开始感到困惑，若学界已然注意到西学东渐对传统中学带来的冲击、变化及其影响，那么，西学东渐之前的传统中学在自然知识领域处于何种状态，又以何种内在逻辑更替着人们的自然认知呢？换句话说，传统中国的自然知识是如何进行累积与演化的，笔者长期探索此一答案，却没有获得满足。因此，本文将试图回答此一问题。

　　在思考的过程中，什么是传统中国人获取自然知识的实际途径，也许是先于知识累积与演化，相对基本的问题，中国人之间的自然知识如何传承则相对难以厘清。是以笔者认为，唯有先认识传统中国人获取自然知识的基础，并探索长时段的记录累积和演化的过程，才能形成更具说服力的解释，以说明自然知识的演变问题。因此，本文试图透过雷电，同时也是笔者天生的姓氏作为主要研究客体，借此观察传统中国人认识自然的知识累积及其发展转变。笔者由衷期盼，本文能考察出若干中国传统自然知识的长期发展轨迹，反映出中国自身知识体系的特殊性，描绘出相对于西方科学史脉络，属于中国本身的自然知识演变过程。

经过探索殷商至晚清之间的传统雷电认知脉络的变迁过程，以及造成和阻碍雷电认知传承的根源，笔者发现中国传统的雷电认知经历过四个时期的主要变化，分别是：殷商时期的自然神认知，其时雷电被认知为圣地中的神祇本身，抑或神祇显现前的预兆；周朝以降的自然规律认知，则是脱去原先自然神论的色彩，以一种自然规律的形态与万物的生长潜伏相联系；汉唐时期的传统阴阳气论认知，展开大规模以阴阳气来解释万物生成的背后原因，雷电被认知为阴阳气迫近彼此而产生的事物；最后自宋至晚清，尽管阴阳气论仍占据思想论域的主流位置，但是庶民文化的兴起、宗教力量的影响，以及西学传入则导致雷电认知逐步地分歧和多元，形成以阴阳气论为主体的多元兼容认知，极其稳定且具有强大的解释力。

在上述的变迁过程当中，中国传统的雷电认知具有两个主要的特征：一是不同人群的雷电认知是明显不同、层次分明的。方士、僧道、技术官僚和庶民的认知较为单一，多半仅以一元的认知呈现，譬如雷公致雷、龙致雷、雷电为火、星官主宰雷电等。传统士人的认知则由于博览群书与格物致知的治学原则使然，普遍呈现多元兼容的情况；二是雷电认知的论述主体自上古以降有着从中原地区转移到湘湖和岭南区域的大趋势，在进入清代则甚至出现自东南沿海一带传回湘湖区域的反向传播。同时传统的雷电认知随着时间推移，逐步由单一认识的一元认知走向以阴阳气论为主体的多元认知并存的论述方式，相异的认知之间彼此不相排斥。

根据笔者考察的 70 余个不同来源的传统雷电认知，方士、僧道、技术官僚和庶民是雷电认知更新的主要因素。上述人群会将区域性的经验、知识，抑或宗教传说带入传统的雷电认知当中，而为传统士人所记录与论述。传统士人本身则甚少创造新的认知，他们是传统雷电认知的主要传承者，由不断地展开经书注疏与类书编纂的工作，经典论述得以人为持续地援引，并且形成稳定的传统，阴阳气论得以保持其强大的影响力，但源于传统士人格物致知的原则，他们亦连带地述及各种关于雷电的自然记录，使得宋明以降的雷电认知趋于多元分立。

透过梳理长时段的雷电认知变迁过程，笔者发现阻碍雷电认知传承和知识更新的重要因素在于，传统士人论述雷电认知时普遍缺乏具确定性的论述意识，转而以不可知论，抑或以呈献前说而不下结论的方式来形成结论。这样的论述方式使得雷电认知的自然记录日益增加，但却无法形成较为准确的结论；与此同时，传统士人讨论雷电认知的问题意识亦呈现出碎片化的趋势而无法有效集中，继续解决新的问题。传统士人普遍花下大量精力在重述经典古说，以及探索若干已为前人讨论过的问题，这阻碍了他们将目光放在新的现象或是异源认知的思辨上，无法将存在内在矛盾和与现象相违的认知理清和排除；同时书籍的流传与保存亦受到现实环境的制约，新颖的雷电认知无法有效地为人传承和扩大其影响性。这种情况遂导致传统的雷电认知长时间以阴阳气论为主体，兼容各种异源的雷电认知，最终形成十分稳定的知识结构。历代为人所发现的新颖雷电认知则受限于书籍保存和扩散的不易，逐渐消失在思想论域之中，使得雷电认知的内部更迭十分缓慢，更多的情况被视为是对传统阴阳气论认知的细致补充。直到晚清的西方近代科学全面传入之前，传统的雷电认知难以被内部新颖的认知更新和取代。

本文在使用材料与方法论上颇为特别。值得说明的是，在处理中国历代雷电认知时，本文所使用的一手史料主要涵括三大类，分别为经学注释、历代类书，以及被前两者摘抄或阐释的原始子学典籍和士人文集。由于经书是中国传统士大夫必读经典，历久不衰，是以注、疏和正义等经学注释亦广泛地为士大夫所阅读记诵；历代类书则是盛行于唐朝到清朝之间的资料汇编书籍，类书摘抄各家前人的典籍而汇成一书，以类相从，故为类书。笔者与前人使用经学注释和历代类书的方式有本质上的差异，两者在本文之中是以一手史料来呈现,以追踪雷电的自然知识源流与变化,而非以二手史料的身份作辅证史实之用。由于这两类资料具有长时段的延续性和相当高的重复性,因此对笔者考察传统中国对雷电自然知识的认知变化,进而追寻变化的原因、结果与意义,具有相当关键的价值。

同时,类书作为一种流通性相对较强的文本,在传递自然知识上扮演着重要的角色。就文字流通的角度观之,经过历代传抄屡屡出现的文字透过阅读与口传等社会实践,其所穿透的社会空间或许更为广大。更何况,同样内容的文字条目在不同的书籍出现时,自上下文、版面设计到流通状况与阅读情境皆相异,效用与意义也随之变化,不能仅以重复无用视之,而忽略其出现形式与成文脉络。换言之,类书即使重复转载他书内容,也有其个别效用与意义,不能等同于原书。此外,阅读类书的潜在读者群涵盖:具备功能识字能力的庶民、技术人员,以及为书商聘用以编纂类书的基层士人。借由大量的历代类书为主体,与类书摘抄的典籍文献相互比对,帮助笔者展现了传统中国在雷电自然知识上的不同认知与差异。

研究方法上,比较法是本文赖以进行的基础,针对不同时代的注疏与类书中,对于雷电认知的内容差别,比较法可以清晰地说明注疏与类书之间内容的相互关系,甚至能说明两者与原始典籍的相互关系,由此呈现出自然知识的脉络变化,以及不同阶层对个别自然知识的认知差异。特别需指出的是,本文所引述的典籍当中若以粗体小字者标出,是典籍中为后人增补的注疏;所引述的类书内容,引文以粗体标识者,皆为类书作者对前人典籍的摘抄引述,由此,不同时代的文本记述的雷电认知得以逐层展现。次之,西方的自然史/博物学传统,以及注释传统,在不同程度上也与中国的经学注疏与类书传统部分相似,为考察中国的自然知识传递过程与机制,本文也参考上述传统,从而描绘出中国传递自然知识可能的图像。最后,科学史家爱德华·格兰特(Edward Grant)强调的宽容原则则适合在本文中借鉴处理,在处理前人理解的自然知识描述时,尽可能将他们的论述视为真实,并试图挖掘其认知脉络，较为有益。笔者认为，得知中国与西方科学演进相类似之事物，或是中国衍生出本身独特的东西，往往是学界以往研究止步之处，流于片断。然而若要获得更深层次的成果，则必须试着将中国自有的知识演变过程联系成一个脉络，自然知识在变化之际才能呈现其特殊意义。适度地思考西方的自然史/博物学传统和注释传统的发展过程将有助于本文的探究，即是：中国自有的自然知识变化过程。

A 旗科技下乡：一项本土特色的科技传播案例研究

作者：**牛桂芹**
导师：**刘　兵**
学位：**博士**
学科：**科学技术哲学**
授学位学校：**清华大学**
答辩时间：**2013 年 6 月 1 日**

　　科技下乡是最具中国本土特色的科技传播实践，目前已经成为国家缩小城乡差距的必要手段。在中国特殊的政治体制下，在多方博弈的权力机制中，"科技下乡"既表现出了独有的特色，同时又存在着传统性与现代性、地方性与普适性、先进性与适用性等诸多矛盾。近些年来，国家通过政策进行了大力推进，其结果是，从形式上看科技下乡高度繁荣，但实际上最普通农民公众的科技需求并没有很好得到满足，美好的理想与现实体制环境下的具体运作出现了偏差。然而，这些问题到目前为止并没有引起学界的高度重视，相关学理性研究比较欠缺，甚至可以说科技下乡还没有确切的定义和系统化指导理论。

　　本文紧密结合国家大政方针和其他现实情况，基于科技传播的 STS 理念，主要运用具有人类学意味的调查方法深入内蒙古 A 旗（代称，为内蒙古东北地区某一农业大旗；旗相当于县）

进行了具体社会与境下的定性案例研究。在获得第一手资料的基础上，用具体的事实展现了 A 旗"科技下乡"多方博弈的较真实的情况，并运用相关理论对整体调研结果进行综合讨论和评价，挖掘并分析种种矛盾冲突，通过批判性反思最终达到对科技下乡理论的构建和对实践的指导，以及对科技传播理论的提升。

本研究所做的工作主要有以下几个方面。

第一，对"科技下乡"概念进行了界定。关于科技下乡，似乎可以说目前还没有十分确切的定义，除了日常语义的理解之外，主要有两个官方文件的说明以及秦红增博士的界定。自 1996 年开始，两个官方文件①基于政策需求规定了科技下乡的内涵及广泛内容，反映了科技下乡的实践发展状况；秦红增博士从历史的维度对"科技下乡"进行了拓展，将其历史追溯到了 20 世纪二三十年代，而不再仅局限于 1996 年首个官方文件出台后的实践活动。

这些定义都具有一定的合理性，为科技下乡的理论构建奠定了重要基础，但同时也具有各自的局限性，还不能充分反映当代"科技下乡"应有的合理内涵。比如，秦红增博士仅把科技下乡局限在了农业生产领域之内，虽从纵向角度进行了历史拓展，却又从横向角度进行了内容缩减，比官方文件中的规定范围小了许多。而且，他使用的"输入"一词也同样预设了科技下乡的非互动性的限定。这些理念上的缺陷应该是由长期的中国传统观念所决定的，在特定的中国与境下，城市往往代表着现代性，"乡"代表着落后性，"下"代表着从高到低的趋向性，"科技"自然指的是具有普适性的现代科技、先进科技，那么科技下乡就意味着将城市的现代科技输入到乡村，从而改变乡村科技落后的局面。然而，笔者认为，虽然中国迫切需要科技下乡来缩小城乡差距，但在迫切中也不能忽视它的长期性和合理性。

---

① 文件一是由中宣部等十部委联合颁布实施的首个科技下乡的官方文件《（1996）关于开展文化科技卫生"三下乡"活动的通知》，文件二是继 1996 年文件之后中宣部等十二部委联合发出的《关于认真贯彻党的十六大精神　深入扎实开展文化科技卫生"三下乡"活动的通知》。

基于对已有概念界定的批判性借鉴以及其他相关问题的考量，笔者认为科技下乡应该包括两层含义：一是人们常说的较狭义的概念，即官方文件所规定的政府主导组织的"科技下乡"宣传活动，它仅作为中国特定历史时期科技事业中的一项实践活动；二是更广泛意义的"科技下乡"，它既涉及农技推广，又涉及农村科普，属于科技传播的范畴，若从传播学的视角来界定，简单而言，指的就是科技信息从城市到乡村的定向传递和扩散。

第二，进行了调查研究活动。基于国家政策环境和各学科领域研究视角及发展趋势的启发，笔者结合自己多年的农村生活背景选择了既具有一定特殊性同时又具有很大代表性的内蒙古 A 旗进行了具体社会与境下的案例研究。除了文献研究之外，实地调研是本文的重要基础，是决定本研究成败的关键。

实地调研是分层次进行的，更重要的是，特别关注于最普通农民的态度与需求。在具体操作中分为六个层次：①对旗一级及以上单位或组织：包括科技局、科协、农业广播电视学校、农牧业局、农业中心、宣传部、组织部等 17 个单位或工作部门；②对乡镇：重点对 A 旗乡镇的农业综合服务中心进行了调研，同时对乡镇政府的领导及其他相关工作部门的工作进行了调研，这些工作部门包括文化站、广播站、民政办、组宣委、劳动保障办公室等；③对村部：深入农村基层，对 A 旗所辖范围内的部分行政村村部的工作状况进行了观察、访谈及工作资料的搜集；④对一些相关市场实体和民间组织进行了调研，比如：农民专业合作社、农资企业等；⑤对农民：深入农民鲜活的现实生活进行观察、体会和访谈。这些农民被访谈者除了随机遇到的之外，是按照不同年龄、不同层次选择的，涵盖了落后、中等发达和更发达的农村的农民，包括村干部、科技示范户、土专家和普通村民等，总共 200 余人次；⑥对典型案例：在对 A 旗科技下乡的整体图景进行宏观把握的基础上，从微观的层面对几种代表性的科技下乡实践进行了重点调研，比如：科技特派员、专业合作社、农业科技现场会活动、大学生村干部及科技示范户等。

从总体上看，关于调研的质，只能通过本论文的质量得以体现。这里单就调研的量而言，调研时间累计为四个半月，涉及 38 个相关工作单位、部门或组织；访谈人数达 239 人次，累计时间为 4 164 分钟，最深度的访谈时间达 141 分钟，访谈时间超过半小时的达 62 人；所获得的信息资料有三种，包括文字资料、访谈资料和观察得到的信息，主要涉及地方性政策法规、各单位及部门工作资料和地方"科技下乡"事实三个部分；搜集到的工作资料达 6 125 份；图片（包括各类培训、现场会、科普大集及项目实施等）3 217 张。

第三，进行了系统分析与阐释。除引言、历史背景和结论外，本文的核心部分是 A 旗具体与境下的科技下乡状况：在描绘基本环境、主体及活动方式等的基础上就几个重点问题（科技适用性、科学与公众的关系、科技下乡模式）逐层深入地进行了研究与阐释。

其一，关于历史背景。关注的是科技下乡的外史，涉及科技下乡的政策体制环境等，目的在于分析中国特色的科技下乡是在什么样的特殊国情背景下滋生、成长的，进一步总结出发展规律及关涉因素，最终为对 A 旗的研究提供借鉴。

其二，关于 A 旗科技下乡的基本环境与主体。首先概括性地介绍 A 旗科技下乡的基本环境状况，尤其是特殊的政策方面。而后借鉴科技传播的主体理论来界定科技下乡的主体内涵，并阐述 A 旗科技下乡的重要参与主体及运行机制等，从而描绘出科技下乡的多元参与主体网络。

其三，关于 A 旗科技下乡的活动方式。在概括性介绍 A 旗现有的科技下乡活动方式的基础上，重点研究了典型案例——"大学生村干部——科技特派员"制度实施的特色及其在科技下乡中的作用。最终进行综合评价，通过阐述各类科技下乡活动方式中存在的问题，探讨面对面人际传播在科技下乡中的特殊地位。

其四，关于科技下乡中的科技适用性问题。通过分析已有适用技术理论和法律法规中的相关规定，阐释当代"适用技术"的应有意涵。并且进一步以"农机下乡"为典型案例，研究科技下乡中科技的现代性与地方性、先进性与适用性的矛盾与冲突，最后提出了一定的建议。

其五,关于科技下乡中科学与公众的关系问题。以目前中国面向"三农"的重大科技推广项目——测土配方施肥技术的推广与普及在 A 旗的实施为典型案例,基于国内国际已有的科学与公众关系的研究理论,深入分析在中国具体的科技下乡与境中科学与公众关系的现实情况及特点。

其六,关于科技下乡的模式问题。通过对典型案例——A 旗"农资店"的地位及作用的研究,挖掘目前 A 旗科技下乡运行的新特色。进而结合前文对科技下乡基本环境、主体、各种活动方式等基本情况的把握以及对下乡科技的适用性等其他一些深层次问题的分析,借鉴已有传播模式理论,试探性提炼出了科技下乡的宏观模式理论。

最终得出的主要结论是:科技下乡具有很强的"与境"性特征和本土化意味,目前虽然从形式上看已经高度发展,但在具体与境下的实践中,最普通农民公众的科技需求并没有很好得到满足。当下在整体上它所呈现的是一种别具特色的过渡型混合模式:传统理念与现代理念并存,事业性与商业性并存,公益性与营利性并存,政府主导和市场导向机制并存。该模式兼容了多元主体、多种活动方式和多种影响因素,它们彼此博弈,构成了非线性复杂网络。在该网络中,虽然公众对科学本身基本持肯定态度,但官方运作者作为重要的中介因素使得科学与公众之间的关系更加复杂和疏离。虽然公众的主体地位已经有所显现,但其科技弱势地位并没有得到根本性改变,有时只不过官方介入由直接显性转变为了间接隐性,出现了新形势下的新约束。

《名侦探柯南》的科学传播研究

作者：**王亚萍**

导师：**刘　兵**

学位：**硕士**

学科：**传播学**

授学位学校：**河北大学**

答辩时间：**2015 年 5 月 24 日**

　　科学传播指的是"不但要传播传统科学知识，还要积极传播新科学的观念，同时也需要处理好普遍知识和地方性知识的关系；科学传播要努力成为沟通"科学文化"与"人文文化"的桥梁，倡导社会可持续发展的理念。当前的科学传播也已经利用大众传播手段，有目的、有系统地向社会公众传播与科学有关的内容、方法等信息，大众传播的广泛性有利于社会和公众针对"科学"做出在信念、态度和行为等方面的转变。

　　科学传播，如果从传播的目的和效果综合分析可分为：有意识的科学传播和无意识的科学传播。从其传播的可行性角度来看又可细分为：有意识传播，有效；有意识传播，无效；无意识传播，无效；无意识传播，有效。而对于一些原非有意识，但传播广泛却具有科学传播作用的传播载体的认识尚未得到重视。这种形式的科学传播作为非正式环境下的科学学习方式，是否对主流的科学传播存在可能的借鉴作用，是本文想要了解的重点。

《名侦探柯南》从 1994 年就开始在《少年 SUNDAY》上连载，历经 21 年，被誉为"动漫常青树"，至今，依然在日本漫画视听率中排名前端。柯南不仅在日本国内受关注，而且早已成为世界知名的动漫作品，在其他国家同样受到极大的好评。

从历史脉络来看，《名侦探柯南》作为刑侦动漫与侦探推理小说的发展密不可分。就侦探小说来说，目前被认为有三大辉煌阶段：首先是 19 世纪末到 20 世纪初，以柯南·道尔和阿加莎·克里斯蒂为首的推理派作家，把古典推理小说推向鼎盛。第二是 20 世纪 30 年代末期，以雷蒙德·钱德勒等引领的硬汉派侦探小说大为流行。而第三次侦探小说发展高潮则在东亚的日本。

20 世纪 20 年代后，日本有了自己的侦探小说，为了自我鼓励，以及有别于西方侦探小说，便创造了"推理文学"，特指日本的侦探小说，20 世纪 50 年代，随着松本清张的社会派小说的确立，"推理小说"的说法也被广泛接受，成为日本乃至世界文学界不可或缺的类型之一。《名侦探柯南》中就与推理文学一脉相承。

江户川乱步于 1925 年创作出《D 坂杀人事件》，其中睿智的明智小五郎是日本推理小说中第一个系列侦探，其后出现的很多侦探作品中，主人公都叫"××小五郎"，包括《名侦探柯南》中的毛利小五郎。江户川创作的《少年侦探团》又与《名侦探柯南》中的少年侦探团的设置不无巧合。

在《名侦探柯南》中曾屡次出现一个叫作"松本清长"的人物，乃是警视厅刑事部搜查一课的管理官，人们认为他名字的来由就是作者青山刚昌在向著名社会派推理小说家松本清张致敬。

随着推理小说的发展，这一繁荣现象也极大地影响了动漫产业，以侦探为内容的动漫作品也极大地丰富了起来。像《名侦探柯南》一类的动漫受到柯南道尔、江户川乱步等人的影响，作品中扑朔迷离的案情、细致的推理和紧张气氛的营造吸引了大批观众。

作为刑侦动漫的代表，《名侦探柯南》中必定涉及刑侦内容，以及在侦破案件过程中应用到许多学科的知识点。不管是猎奇需求、审美需求抑或智力需求，在《名侦探柯南》里都能得到满足。这部作品的初衷是为了娱乐大众，争取更多的受众。而在传播的过程中，其中的科学内容是否也在无意识中被观众理解并留下深刻印象，是否可以将《名侦探柯南》看作无意识的科学传播载体？

为了验证"柯南"剧情的确具有大量的科学内容，而且这些内容符合当今科学传播所应涵盖的各方面，本文梳理了《名侦探柯南》TV版前300集，以做内容分析。经笔者分析，其剧情中包括科学知识、科学方法、科学伦理、科学理念、科学幻想，以及新型生活科普等内容。

具体来说，从梳理的1996年到2002年间TV版《名侦探柯南》来看，就科学知识方面来说，笔者大体上将其分为三大板块的知识：第一类为专业知识，包括刑事侦查学、法医学、法学；第二类为基础学科知识，包括数学和物理、化学和医学、地理和生物；第三类是一些不便分类又不被大多数人所熟知的知识，暂且称之为特殊经验知识。就科学推理方法来说，必然要符合刑侦逻辑才能让观众接受它的合理性，其中涉及的科学方法包括：重视证据，关注细节；提出怀疑，发现联系；实地验证等。就科学伦理来说，《名侦探柯南》中对于科学也有自己的态度和看法，在伦理层面可以分为：技术伦理、学术伦理、生态伦理和社会伦理，其中前三项均属于科学伦理范畴。而"柯南"调查真相的过程，与"崇实、贵确、察微、慎断、存疑"的科学理念相吻合。在尊重科学发展的基础上，也对科学的发展提出质疑，具有批判精神地反思科学。从科幻的角度来说，《名侦探柯南》本身就是一部科幻作品。这一点从柯南破案中运用的设备，以及剧情中构想出来的庞大黑暗组织与神秘毒药就可以看出来。

在现在日渐得到重视的生活科普方面，《名侦探柯南》中也有许多重视实用性的生活技能、民族文化等方面的知识。笔者将其分为生活常识与技能、生活文化两大方面。其中生活常识与技能又可分为世界通识、日本地方性知识。生活文化方面则是对日本独有的制度和精神文化进行解读,可以将《名侦探柯南》看作硬科普与软科普相结合的一种传播范例。

但这种非正式环境下的科学传播是否能得到公众关注和认可,是接下来要讨论的重点。通过对清华大学、首都图书馆、顺义区光明街道这三个地方近 300 份调查问卷的分析,了解到绝大多数关注过《名侦探柯南》的个体都认可它具有传播科学的作用,但并非是完美的科学传播形式。大众对它存在的问题还是有理性认知的,认为过于娱乐的表现方式会弱化科学的严谨性和理性,片段化的知识传播不利于展示科学发展的连续性,而科学精神和科学思维的具象表达又有一定的困难。而且有些内容的科学性还有待商榷,在科学传播层面存在一定的不当之处。

尽管上文中提出"柯南"科学传播的不当之处,但也不能否认它在传播科学方面的作用,以及其中蕴含了科学传播所应当承载的价值和意义,又起到对传统科学传播的补充作用,能够为未来科学传播的发展提供可能的借鉴。从这些方面来看,《名侦探柯南》作为一种活泼的非常规教育,弥补了正统教育中存在不足的兴趣培养,同时又没有科学教育中所必需的物质要求和应试制度,用一种轻松的心态了解科学内容,而且其中的内容也在不断审视对科学的态度,既维护理性又反思科学。

但是,以动漫方式传播科学的确存在着不可忽视的问题。总结起来包括科学性的误区,背景设置过多,不符合现实情境;大众传播很难表现知识深度;无法有效判定传播效果;以及其中的恐怖暴力成分对观众的影响程度。

综上所述,可以说《名侦探柯南》是一部被公众认可的,具有无意识科学传播能力的刑侦动漫作品,它能很好地将科学传播的各个方面融合起来,利用大众传媒的优势获得广泛的支持,对于科学传播的发展有着借鉴与警示作用。

新型科幻小说中的科学传播
——以王晋康的《十字》为例

作者：**田　璐**

导师：**刘　兵**

学位：**硕士**

学科：**传播学**

授学位学校：**河北大学**

答辩时间：**2011 年 5 月 21 日**

　　《十字》是我国科幻作家王晋康的长篇科幻小说，它与传统中像阿西莫夫的基地系列或者是关于机器人之类的标准科幻小说不同，是以科学研究为背景却显然又属于商业通俗小说的一种作品类型。本论文从科学传播学的角度，对《十字》进行了分析，并对小说中体现出的对科学进行反思的科学理念进行总结，以期引起科学传播领域对新型科幻小说的重视，并为今后科学传播的发展提供一些可借鉴的经验。

　　首先，简要介绍了论文的研究背景。通过对当今科学传播发展的概况总结，指出应打破传统科普方式，要在有利于社会可持续发展的框架下传播具有思辨意义的科学思想、科学方法和科学精神，并且应当对当前的科学传播进行反思；除此之外，还分析了传统科幻小说与新型科幻小说的不同之处，就在于新型科幻小说的作者在崇尚科学的同时也敬畏自然，他指出现今的科学技术活动不应成为社会的禁区，应当向着互动、反思的方向探索前进。期间还简要介绍了《十字》及其作者王晋康的一些背景。论文在此基础上指出，科学传播应当关注科幻，因其创造出的语境中的科学理念具有重大的研究价值和指导现实的意义。透过诸如《十字》这样的新型科幻小说，我们应该看到科幻小说在科学传播中的巨大潜力。同时，作为一种文艺类型，也具有很高的艺术审美价值，其冲破传统科学理念的思想也足以引起受众对科学的兴趣及反思。总体而言，我国新型科幻小说的发展具备着很好的发展空间。

对研究背景和研究主题有了简单了解后，本论文开始对研究对象进行全面分析。第二章是对《十字》中科学传播内容的具体分析。作为主体部分之一，本章指出，《十字》充满了对未来社会中科学技术审视的冷思考和反思。通过对科学理念的解析，指出科学传播中新的科学理念的缺乏及其重要性。可以说，科学理念的转变和重要性在于时代的要求，虽然传统科普营造的科学万能形象已经遭到质疑，但是传统科学传播依然未能跳脱传播的单一维度向着多元维度发展。作品中体现的新型科学理念唤醒了人们对于科学伦理和两种文化的思考，在继承传统科普的前提下，引领大众冲破科学与公众之间的疏离和隔阂，促使大众参与科学知识共建的意识觉醒。

而《十字》中作者深刻的哲学思考和文学构思，将自己独到的科学理念体现得淋漓尽致、发人深省。小说从三个角度入手，对上帝的医学和人类的医学、人体实验的是非与科学伦理，以及科学的发展限度问题进行了剖析。其中，作者对当今的医学发展进行了反思，指出现代医学走了一条辉煌的绝路，正如作者在作品中写道的——上帝只关心群体而不关爱个体，这才是上帝大爱之所在。自然淘汰与人类发展医学以期获得更健康的生命是一个巨大的矛盾，狂妄的自信也许不是将人类送往天堂而是推向地狱；而在追求更高科学成就的同时，对于科学伦理的忽视也是科学传播过程中被忽略的；科学是否应有禁区一直是科学界与人文界争论的焦点，然而，人类把有着科技光环的手伸向自然时，实际上并没有做好迎接大自然报复的准备。对于技术核心的分析则表明了作者大胆而又新颖的科学认识和理念。作品中体现了作者对科学发展越来越不放心的忧虑，也体现了对科学技术进步一日千里的反思和批判。《十字》提醒我们，面临科学技术可能引发的灾难，进而对科学进行反思是科学自身发展的内在需要，也是人们冷静审视科学的需求。

论义第三章是对《十字》小说语境中人物形象的构建，同第二章一样，这也是论文主体部分之一。首先介绍了媒体中科学家形象构建的现状及其理论框架。刻板印象造成了公众对科学家形象的单一、固定、笼统的看法，而国内外由于不同的文化背景塑造的科学家形象也并不统一。而《十字》小说语境下的科学家被作者塑造得有血有肉、栩栩如生、复杂多变，并且其言行之间体现了作者站在不同的角度对当前科学传播过程中科学理念的不同认识。通过对激进的科学先驱者代表、接受先进科学理念的执行者、极端科学主义代言人和科学家中的背叛者这四种不同类型的科学家进行剖析，指出新型科幻小说中科学家形象的多元化；同时，不仅仅是科学家形象具有刻板印象，大众媒体中的受众形象也被固定为只能被动接受科学知识的"靶子"，正是由于科学传播中"缺失模型"的基本假定，阻碍了科学传播的有效传播和发展。通过分析先进科学理念的受害者和获益者梅小雪，以及科学传播界从业者在小说中的表现，指出当今的科学传播领域中各阶段的参与者存在着很多问题，尤其是对科学传播本身、科学传播内容以及科学传播的理念有着不同的理解和看法，而在现实的科学传播过程中则被简单地一元化了。

第四章对《十字》语境下科学传播的目的进行了概况分析，科幻小说可以说是对现实的超前反映，其目的不在于传播具体的科学知识，而是其中的科学文化属性和社会属性体现了对当今科学时代的反思。首先新型科幻小说中科学传播的第一个目的是破除科学迷信，进而达到弥合科学与人文的壁垒。针对当前科学本身被人们奉为最大的权威，实际上，将这种自己并不能完全理解的东西尊奉到至高无上的位置，已经构成了一种迷信。而被科学弃之如草履的文化却在把握科学发展和进步的方向及速度方面起着至关重要的作用，然而实际上却没有被同等重视起来。科幻小说可以说是一种很好的介质，可以对两种文化起到连接作用；让公众理解科学可以说是科学传播基础的目的，把握科学技术发展方向是科学家的责任，同时也是所有纳税人——公众的责任，公众有权利对科学技术的发展实施监督并在有争议的科学问题上拥有参与权；提高公众科学素养，社会中的每一个人包括科学家，都应当理解科学活动的本质和内涵核心，不应仅仅是科学知识的灌输，而应该是对科学本质的深刻理解和对科学精神的追求；对现实的批判和对未来的预期，《十字》中作者对天花病毒的现状和未来发展的可能性进行了文学创作，这种手法引发人们对科学技术发展的现状和发展方向进行哲学思考，只有通过对现实的批判和反思，使更多的人真正了解科学，正确使用科学，规避科学发展将会带来的负面影响，未来的社会才有可能和谐有序地发展。同时，为了佐证论文的内容，收集了网络上对于《十字》科学理念的反映并进行了统计分析。

通过对《十字》的科学传播研究，本论文得出以下结论：新型科幻小说体现出对新科学理念的追求和颂扬，有助于转变科学传播思想，加强对传播内容，尤其是科学理念的宣传；新型科幻小说比较关注科学传播中的缺省模式，指出科学传播应是科学普及与公众参与并重；同时也体现了尊重科学，科学精神与人文关怀并重的理念。总而言之，科幻小说可以成为联结科学与人文的桥梁，在科学传播领域中已经并且将会发挥重大的作用。

蒙古族公众的蒙医文化
——一项基于田野调查的实证研究

作者：**包红梅**
导师：**刘　兵**
学位：**博士**
授学位学校：**清华大学**
答辩时间：**2012 年 5 月**

　　蒙医是蒙古族人民在长期与疾病斗争的过程中逐渐积累起来的，适合于当地生产、生活方式和自身身体状况的一套诊疗技术和医学理论体系。一直以来，蒙医作为蒙古族公众的传统医学，在维护他们身体健康的活动中发挥了不可替代的作用。如今，随着现代科技的迅速发展以及自然和社会环境的不断变化，蒙古人的生产、生活方式也发生了很大的改变。医学方面，蒙古人从过去以蒙医为主要医疗手段而很少接触其他医学体系，逐渐转为蒙医、西医、中医等各类医学体系的相互融合，尤其是在西医影响力不断扩大的趋势下。在这样的背景下，本文运用人类学田野调查方法，系统考察了现今蒙古族公众日常生活中的蒙医文化，即蒙古族公众对蒙医的理解现状，以及这种理解对他们的思想观念和行为实践所产生的影响。

　　首先，蒙古族公众对蒙医若干核心概念的理解，体现了他们对人类身体的某些特殊认识。赫依、希拉、希拉乌苏是蒙医理论的核心概念,也是蒙古族公众日常生活中使用较多,影响较大的概念。这些概念充分融入了蒙古族公众的日常生活,影响和指导着他们的饮食习惯、行为方式甚至语言风格,成为其民族传统文化不可缺少的一部分,从而也形成了具有民族特色和地方特色的对身体的独特理解。他们认为,人体内除了那些解剖学意义上的器官、脏腑等结构外,还有一些特殊的物质,它们或有形或无形,或看得见或看不见地存在着。这些特殊的物质以一种抽象的方式存在于人体内,影响着身体的健康和疾病状态。

其次,蒙古族公众对若干传统疗术的理解,体现了他们对疾病的某些独特理解。论文选择了蒙古族公众在日常疾病治疗中使用比较广泛的一些蒙医传统疗术,如:羊疗法、阿尔山疗法、罨敷疗法、拔罐、放血等,通过分析蒙古族公众对这些传统疗术的认识和看法,展现了他们的某些疾病观念。基于对这些蒙医传统疗术的理解,蒙古族公众认为,寒热失衡,赫依、希拉异常,病邪侵入,恶血聚集,赫依楚斯运行不畅,贼风袭击等都可以使身体产生疾病。

蒙古族公众基于其蒙医文化所形成的这些关于身体和疾病的理解,与西医和其他医学理论有着不一样的认识,与专业蒙医的理解也有一定的差异。现实生活中,蒙古族公众会根据自己的理解,来调整日常的饮食起居、行为习惯以及治病就医的选择。蒙古族公众基于蒙医理论背景所形成的对身体和疾病的这些特殊理解,是他们蒙医文化的一个重要组成部分。

再次,蒙古族公众对蒙医的理解也影响着他们的就医行为,我们通过考察其就医行为来挖掘这一行为背后隐含的医学文化,从而对蒙古族公众的蒙医文化做进一步的探讨。

在医疗选择上,多数蒙古族公众认为自己更相信蒙医。因为他们认为,和西医相比,蒙医蒙药的长期疗效好,治疗理念是从身体的整体出发进行平衡和调理,从而能祛除病根,而且蒙医治疗的副作用小。但是,在实际的就医行为中,蒙古族公众多数情况下会选择看西医,吃西药。从外部条件来讲,由于交通不便和蒙医少等原因，看蒙医相对来说较难，而方便找到蒙医的地方好蒙医又少，以及蒙医对自身的宣传做得不好等原因造成一部分蒙古族公众看蒙医较少。从对蒙医蒙药和西医西药的认知上讲，蒙古族公众认为，蒙医治疗效果慢，蒙药吃起来不如西药方便，使得一部分人更愿意选择西医。

在对待医嘱的态度上，蒙古族公众作为一个有着相对独立的医学文化传统的群体，在病后的家庭护理中，对不同医学体系下的医嘱持有不同的态度和执行情况。当医嘱与蒙古族公众自身的文化传统相冲突时，他们通常会感到反感和不理解，从而不太愿意执行医嘱；当医嘱与其文化传统相吻合时，则较容易接受并认真执行。

在对待药物和治疗技术方面，蒙古族公众对传统蒙药依然较为留恋，而对现代西药及其使用都抱有一定的排斥态度；他们对待输液的态度体现了其对另一个医学文化中医疗技术的态度：虽然有矛盾和抵制，但相对比较宽容和随和，主要看其实用性。对蒙医的号脉和西医的仪器检查，大多数人出于对科学的崇拜和信任，认为仪器检查更准确。对蒙医的保守治疗和西医的手术，多数人倾向于选择蒙医的药物和疗术等保守治疗方法，认为手术对人体的伤害相对要大。这些就医行为中的不同选择，同样体现了蒙古族公众独特的蒙医文化。

最后，蒙古族公众蒙医文化的形成会受到包括家庭和社会环境、医学科普读物、媒体的医学传播以及医生诊疗实践在内方方面面的影响。我们的调查发现，目前蒙古族公众获得蒙医知识的各类渠道中，来自家庭文化环境的影响较大，但随着现代医学的迅速发展和广泛普及，西医知识已经无孔不入地进入到他们的生活中，蒙古族的家庭医学文化教育中蒙族传统医学文化的比重在逐渐减少，而现代医学的影响却悄无声息地不断扩大；真正以传播为目的的蒙文科普图书和医院科普挂图等却收效甚微，因为，这些面向蒙古族公众的医学传播读物，绝大多数是以传播西医知识为主，很少有蒙医的知识，从而对于蒙古族公众的蒙医文化不会产生明显的促进作用，如果说有什么影响，那么它对公众西医知识的积累和理解有一定的帮助。蒙医在诊疗实践中也会向蒙古族公众传播一定程度的蒙医知识，但由于诊疗时间、环境以及主要目的和医生的认识等条件的限制，无法达到理想的状态。收音机媒体的传播也是向蒙古族公众，尤其是向牧区蒙古族公众传播蒙医文化的一个有效途径，但是由于目前很多这类医学传播的商业目的，使本来较为有效的医学传播途径变得不太理想。

对这些蒙医文化传播途径的分析，能使我们更加深刻地了解蒙古族公众蒙医文化的方方面面。

通过对蒙古族公众蒙医文化的考察，我们认为：第一，不同的历史文化传统形成了不同的医学体系，而不同医学体系对身体和疾病的理解有很大的差异。在不同的身体观念和疾病观念的影响下，人们对身体和疾病的体验也是很不一样的；反过来，在一种反向的作用中，这种对疾病的体验又会强化人们的观念。这种不同医学体系的并存，及各自医疗效果的现实情况，说明医学是多元性的，人们对身体和疾病等的认识和体验也很大程度上是由文化所建构的，从而也是多元的。第二，在公众医学文化下，对身体与疾病的认识，既有其实际功能，又有其独特的表现形式和局限性。同时，这种认识又与专业的理论认识有某些交叠。在实践中，除了相互作用之外，对医学专业理论还可以有某些方面的补充作用，因而，了解公众的医学文化对专业人士的诊疗实践也有重要的意义。第三，在传统观念中，人们倾向于认为专业人士的看法更"正确"，而公众的看法则不重要，从而被置于边缘。在医学领域中，则是认为"现代医学仍然是躯体实在和健康与疾病的仲裁者，医生和医学研究人员握有通往现实的钥匙"。本文的工作在相当的程度上试图解构后一个层次上的"中心"。当然，如果不用更强的对"中心"不断解构的说法，我们至少提出了不应忽视这种也经常会被置于边缘地位的公众的认识这一问题。即我们认为，对地方性知识关注不应只停留在不同知识体系中被认为是权威的专业人士理解中的知识，还应关注那些普通公众理解中的知识。

《妇女杂志》在近代科技传播中的特点研究

作者：**李 倩**
导师：**章梅芳**
学位：**硕士**
学科：**科学技术史**
学位授予学校：**北京科技大学**
答辩时间：**2012 年 12 月**
作者现在工作单位：**北京市政路桥集团**

关键词 近代科技史；科技传播；妇女杂志；女性科普

《妇女杂志》创刊于 1915 年 1 月，停刊于 1932 年 1 月，共发行 17 卷 204 期，是中国妇女报刊史上第一份历时最久的大型刊物，它见证了中国近代科学技术发展的历程，同时也参与了对我国近代女性的科学技术知识体系的构建。《妇女杂志》登载了大量西方自然科学技术的文章，内容涉及医学、农学、工学、理学、军事等各门学科，其中医学知识所占比重最大。

本文对《妇女杂志》在刊期间所刊登的科学技术与医学知识文化方面的文章进行了内容分类及统计研究；对该刊不同阶段的科技传播理念、内容、特点及影响进行了初步探讨；并选取其中所占比重最大的医学类文章进行了专题分析，揭示该媒体在传播西医知识及其文化方面的立场、方式及影响等；最后，通过与近代中国其他具有重要影响力的刊载有科普文章的刊物比较研究，进一步探讨了《妇女杂志》在近代科技传播过程中的特点和影响。

文章认为《妇女杂志》在近代科技传播过程中，具有始终坚持以增强女性科学新知为核心理念，拥有精英的知识分子编辑团队，积极采取亲民化的科技传播策略，选取的科普知识较贴近民生，注重与读者的沟通与互动等鲜明特点；《妇女杂志》在科技传播中尤为注意对医学知识的普及，大量引进西医科学，通过介绍医学常识、医药器械、医疗保健等方面的知识，构架近代女性的医学知识体系；《妇女杂志》在科技传播上的独特之处更在于它将科技知识的普及与近代女性的解放问题联系在一起，试图通过传播和普及西方先进科技与医学知识，帮助中国女性从"家庭"中"独立"出来，走向"社会"，从而实现女性社会角色的转变。《妇女杂志》对近代中国女性传播科技与医学知识的理念、立场、策略，以及对女性自身发展问题的思考，对今天的女性期刊的创办和发展具有一定的借鉴意义。

新中国女考古学家群体研究
——以第二代女考古学家为个案

作者：**孟　欣**

导师：**章梅芳**

学位：**硕士**

学科：**科学技术史**

学位授予学校：**北京科技大学**

答辩时间：**2012 年 12 月**

作者现在工作单位：**中国文化传媒集团**

关键词　科技与社会；女考古学家；新中国；成才模式性别困境

　　本文旨在研究新中国女考古学家群体发展的历史过程与职业状况，试图从性别视角反思女性在考古领域从事学术活动的经验教训。首先，本文运用数据统计的方法梳理了新中国成立以来女性在考古领域内各个时期的总体数量与基本职业信息，在此基础上将其分为三代人，并初步分析了各代学者的职业状况与代际间的变化趋势。其次，在此基础上深入研究了资料相对充足，学术成就已经显现的第二代女考古学家群体，通过口述访谈的方式深入探寻其取得成功的共性模式，并进一步探讨女性在考古领域内面临的机遇与困境。

　　研究发现，新中国女考古学家群体呈现学历

越来越高，毕业院校、工作机构逐步分散，研究内容、研究方法逐渐多样等发展趋势；第二代女考古学家的成长和科学活动呈现明显的共性模式，即选择并走上考古道路是家庭文化氛围、早期教育、考古职业训练及个人选择共同影响的结果，在工作中具有重视田野发掘、重视文献运用、注重把握机遇、注重学术交流的共性；性别因素影响女性在考古领域内的发展，主要表现为生理、家庭因素的限制及学术承认、荣誉分配中对女性的偏见；第二、三代女考古学家面临的职业困境差异较大，第二代女考古学家主要面临早期教育阶段及科学活动中的性别偏见，而第三代女考古学家则在入职之初即面临性别偏见，并且研究中的交流壁垒、承认偏见更为明显。

这表明，女考古学家的成功需要克服来自家庭和社会的多重性别偏见。希望第二代女考古学家的职业经验与教训，能够对正在成长阶段的第三代女考古学家和更多的年轻女性学者有所启发和借鉴。

《医学杂志》与近代中西医论争
（1921—1935）

作者：**高洁舲**
导师：**章梅芳**
学位：**硕士**
学科：**科学技术史**
学位授予学校：**北京科技大学**
答辩时间：**2013 年 12 月**
作者现在工作单位：**太原市迎泽区食品药品监督管理局**

关键词　科学传播；中西医论争；《医学杂志》；中西汇通

　　"中西医论争"是我国近代科学技术史与科技传播史上具有深远影响的事件。近年来，伴随着新一轮中医存废争论的再次爆发，越来越多的学者尝试从近代中西医论争方面寻求理论与史实依据。山西《医学杂志》创刊于 1921 年 6 月，正值中西医论争高潮时期，至 1937 年 11 月停办，共发行 16 卷 95 期，是近代内陆地区创办时间较早、发行范围较广、刊行时间较长的中医期刊，也是当时内陆地区唯一一本主张中西医汇通的大型医学刊物。本文选择《医学杂志》为研究对象，对其在近代中西医论争中的作为、立场、地位和影响等方面做相对全面的分析，以期对探究今天中医该如何发展具有一定的启示意义。

　　本文对《医学杂志》1921—1935 年间所有文章进行了内容分类，重点对其中涉及中西医论争的内容进行文本分析，试图探究其在中西医论争中的立场和影响。同时，分析《医学杂志》传播近代中西医医学理论与实践经验方面的内容侧重与特点，考察《医学杂志》在医学科普方面所持的态度、所做的努力及其展现出来的特点。文章认为，《医学杂志》客观反映了当时山西中医界在中医理论的最新研究和临床诊治经验的总结方面的学术成就，同时也吸纳了大量各地中医当时的研究成果，极好地宣传和普及了中医药理论，特别是为身处信息较为闭塞的内陆地区的民众提供了接触医学常识和理论，了解医学发展的渠道。同时，《医学杂志》发挥了其作为内陆地区中医抗争阵地的重要作用，有效地为中医争夺了话语权，从侧面生动记录民国时期中西医对峙的激烈状况。该杂志还传播了当时国内外最新的西医理论及诊断方法，以开放的办刊思想反映了近代西医的研究成果，为其主张的以"中西医汇通"方式改进中医的理念，在具体实践方面提供了一定的理论基础，为探究近代中医改革和发展做出了有益的尝试。

露丝·施瓦茨·柯旺的女性主义技术史理论研究

作者：**龚 艺**
导师：**章梅芳**
学位：**硕士**
学科：**科学技术史**
学位授予学校：**北京科技大学**
答辩时间：**2013 年 12 月**
作者现在工作单位：**北京康邦科技有限公司**

关键词 科学传播；中西医论争；《医学杂志》；
中西汇通

露丝·施瓦茨·柯旺（Ruth Schwartz Cowan）
是著名的女性主义技术史家。本文旨在通过对柯
旺的女性主义技术史经验研究进行个案考察，管
窥女性主义技术史研究的一般脉络、框架特点和
学术影响。本文从英文论著的研读入手，搜集整
理了与柯旺相关的大量文献。在此基础上，客观
分析和阐释了柯旺的女性主义技术史理论的思
想渊源、发展脉络、研究取向与研究方法。通过
纵横向比较分析，文章力图更为准确地把握柯旺
在不同时期的技术思想的精髓；并论述柯旺的性
别观、女性主义技术观、编史理念、学术思想的
变化趋势，及其女性主义技术史研究的理论价
值、社会影响和不足。

通过文献研究和比较分析，本文发现柯旺的技术史研究对象经历了从家用技术史到生育技术史的基本转变；研究视角从单纯的女性技术史逐步转变为运用社会性别理论来探讨技术与社会性别的关系；技术观和技术史观从"技术决定论"转向了"建构论"；编史理念从"补偿式"转向"批判式"及"多元化"；编史目的从揭示技术对女性的影响转变为分析技术、性别、社会、文化相互建构的关系。柯旺的研究升华了女性主义学术和马克思的劳动分工理论以及劳动价值论；引领西方女性主义技术史研究从精英史过渡到社会史，再转向文化史的趋势，补充和修正了传统技术史研究的不足。但是，柯旺主要以西方社会为背景进行研究，对非西方技术史关注不足。并且，西方文化中的一系列二元对立的概念，仍然构成柯旺的经验研究中最常用的分析工具。通过研究柯旺的女性主义技术史理论，进而探讨女性主义技术史理论的地位和价值，以小见大，有利于探索如何将新的技术观念和哲学思潮引入技术史，推动国内技术史研究的发展。

先秦两汉时期八棱柱状饰物的科学分析研究

作者：王　婕
导师：章梅芳、马清林
学位：硕士
学科：科学技术史
学位授予学校：北京科技大学
答辩时间：2014 年 12 月
作者现在工作单位：故宫博物院

关键词　技术史；先秦两汉时期；八棱柱状物；文物保护

　　随着考古事业的不断发展，各地先秦两汉时期的墓葬中相继出土了一批数目可观的八棱柱状物。其大小不一，不同墓葬出土数量不同、材质种类繁杂、用途各不相同，但对其分类归纳整理的研究却少之又少。个别墓葬中一次性出土八棱柱的数量较多，并且这些出土的八棱柱状物，有的保存状况堪忧，甚至在其外层形成了质地酥松的风化结壳，随时有粉化剥落的危险。

　　本文旨在通过对大量考古发掘报告中相关内容的分类、整理和归纳，从材质、出土数目和墓主人身份等多个视角入手，通过文献研究和实验分析等方法，总结和探讨先秦两汉时期八棱柱状物的用途。本文共梳理出八棱柱状物 111 件，其中最早的八棱柱状物为西周中期三门峡虢国墓的玉质八棱柱。出土八棱柱状物以战国时期最多,随着时间后移,数量逐渐减少。其中用作窍塞的八棱柱状物 43 件,作为饰物的八棱柱状物 11 件,未明用途者 33 件。临淄商王村一号汉墓中出土的 17 件八棱柱状物基本可确定为耳珰,洛阳 C1M3943 战国墓出土的三对六件八棱柱状物的用途经推测可能为头饰。

研究过程中,采用 X 射线荧光光谱(XRF)、拉曼光谱(Raman)、偏光显微镜(PLM)、扫描电子显微镜及其能谱仪(SEM - EDS)、X 射线衍射(XRD)等仪器,分析不同材质八棱柱状样品,以确定其化学成分与组成结构。同时,着重研究铅钡玻璃质八棱柱状物风化层的形成原因及其结构组成。可初步确定,铅钡玻璃质八棱柱在风化的过程中,与环境中的元素进行了大量的物质交换。玻璃中高含量的 Pb 与外界环境中的 CO_2、水蒸气反应生成 $PbCO_3$ 和多种复杂化合物是导致玻璃风化的最主要的原因。玻璃基体中针状物的主要成分初步可确定为 $PbSiO_3$、$BaSiO_3$ 及少量的 Al_2O_3 夹杂。

湖南通道侗族织锦的传承与保护

作者：姜凯云
导师：章梅芳、刘　兵
学位：硕士
学科：科学技术史
学位授予学校：北京科技大学
答辩时间：2015 年 12 月
作者现在工作单位：中国文化遗产研究院

关键词　传统工艺；湖南通道；侗锦；社会性别

　　湖南通道侗族织锦体现的是当地历史记忆与民族文化内涵，具有独特的技术特征与艺术魅力。本文通过对其工艺流程的研究，探讨侗锦技艺与当地生活方式、文化属性的关联特征；并进一步讨论通道侗族织锦成为国家级非物质文化遗产之后，在国家行政力量的干预下，当地女性在家庭内部的劳动性别分工、社会地位等方面的变化；同时分析通道侗锦制作技艺传承与保护的现状及存在的问题，为传统工艺的传承与保护提供参考。

　　首先，本文对湖南通道侗族织锦的历史、分类、技术特征、艺术特征进行了梳理与归纳。文章详细揭示了侗锦技艺的工艺流程，发现其有斜织机和木梳式手工编织两种织锦方式。其中，斜织机织锦有十三道复杂的工序，每一道工序都没有图谱，织娘只能靠口耳相传后，自己揣摩得出经验。并且，从文化内涵与视觉特征的角度剖析侗锦图案纹样的艺术魅力与表现形式，认为通道侗锦在构图、色彩搭配、造型上具有区别于其他少数民族织锦的独特个性。其次，本文从社会性别视角出发，解读通道独特的侗族女性织锦文化，分析由女性创造和传承的侗锦手工技艺与当地社会性别关系和性别文化观念的互动，发现在通道侗锦被评为国家级"非遗"之后，当地的女性家庭地位与社会地位有了一定的提高，一些女性开始以侗锦传承人和保护人的社会角色出现，产生了一定的社会影响。然而，这些变化依然是有限度的，当地传统的劳动性别分工模式和性别关系并没有得到彻底的改变，甚至在此背景下，反而加重了织娘的劳动负担和经济压力。最后，本文将侗锦放置于全球化工业浪潮的背景下，结合目前侗锦在当地的发展与传承现状，去探究地方性传统技艺的传承问题，尤其对生产性保护措施提出了自己的思考。

民国时期北京地区产科医疗研究
（1912—1937）

作者：**李　戈**
导师：**章梅芳**
学位：**硕士**
学科：**科学技术史**
学位授予学校：**北京科技大学**
答辩时间：**2015 年 12 月**
作者现在工作单位：**北京现代汽车有限公司**

关键词　科学技术与社会；产科医疗；民国；
　　　　　北京

　　西医产科学最早出现于鸦片战争年间西方教会医院设立的产科中，随后产科医院、诊所纷纷设立，近代产科学正式传入我国。1937 年抗日战争前，西医产科逐渐在中国的一些大城市实现了本土化进程，并逐步确立起其在产科领域中的权威地位。

　　本文首先对近代中西方产科的发展脉络及其互动进行了历史梳理，发现西方妇产科学的传入深刻影响了中国传统的妇产科学，在此过程中，中国传统的产科学受到了新规则的影响与规训，逐步走向"近代化"，这一趋势主要表现在北京地区女医师群体的诞生、产科医疗机构的兴办、产科专业医学教育的开展，以及"卫生"观念的传入等方面。

　　为此，文章深入细致地考察了 1912—1937 年北京产科领域女医师的具体作为，包括推行产科教育与培训，创立医院与诊所，出版与发行产科书籍和宣传册，推广新法接生技术等多个方面，分析产科医疗发生的变化与社会性别话语变迁、医疗近代化之间的复杂关系。其次，文章分析了产科领域发生的接生人员的竞争与合作的具体情况，探讨了西医产科在民国时期北京地区实现专业化的方式与过程。最后，文章在近代公共卫生话语下，考察了关于产妇和婴儿的社会话语与实践，包括产前产后的身体检查、健康婴儿大赛等，探讨国家民族话语与科学话语对产科医疗领域的渗透，以及对女性身体和产育过程的无形监控。

卢作孚科学教育思想研究

作者:**杨　琴**
导师:**刘　兵**
学位:**硕士**
学科:**科学技术哲学**
授学位学校:**重庆大学**
答辩时间:**2015 年 5 月 22 日**

　　卢作孚（1893—1952），重庆合川人，名魁先，字作孚，同晏阳初、梁漱溟一道，被誉为20 世纪二三十年代，我国乡村教育运动"三杰"。卢作孚不仅针对当时的传统教育进行了改革，而且创办了博物馆、图书馆和演艺中心等传播科学文化知识。他的科学教育思想和实践为当时封闭落后、经济不发达、科学不普及的西部地区打开了一扇了解科学、传播科学的大门，可以说，科学教育事业是卢作孚一生中浓墨重彩的一笔。对其科学教育的经验及教训的总结，不仅能丰富卢作孚的现有研究，而且能为我国当前农村教育及科技文化传播等问题的解决提供经验借鉴，有助于我国的社会主义新农村建设事业的顺利推进。

　　本文主要由如下六个部分组成。

　　第一章为引言部分，分别从研究现状及文献综述、研究思路与方法和本文的创新点等方面阐述了本文的选题缘由与研究意义。

第二章介绍了卢作孚科学教育思想的形成过程,本章试图从外部来分析和把握卢作孚的科学教育思想。首先,简要介绍了卢作孚科学教育思想产生的时代背景:该部分包括 20 世纪一二十年代,当时中国社会所出现的国内科学教育的反思和国外先进思想的传入两个方面的聚焦与分析。其次在上述基础上,分别就黄炎培、杜威、陶行知和卢作孚的东北一行等角度,归纳了对卢作孚科学教育思想产生重大影响的人物与事件。

第三章分析了卢作孚的科学教育思想内容与实践。本章试图从内部来洞悉和了解卢作孚的科学教育思想。亦即,本章试图从卢作孚的科学教育思想的内容和实践两个方面来阐述其科学教育思想的显著特色:第一,分别从卢作孚科学教育思想在其科学救国思想中的地位、科学的教育方法、重视科学、倡导科学的观点和措施以及卢作孚始终注重实用科学的研究等方面,来分析和把握卢作孚科学教育的内容。第二,分别从卢作孚所改革的川南师范与创办的新式学校——实用小学、兼善中学等归纳了其学校科学教育实践活动;从泸州通俗教育会、成都通俗教育馆、中国西部科学院、各类博物馆和图书馆以及其他科学教育方式等方面梳理了卢作孚所开展的民众科学教育及实践活动。

第四章的内容是卢作孚科学教育思想的特征及历史贡献分析。本章首先通过卢作孚与梁漱溟和晏阳初之间的科学教育思想的对比分析,试图归纳出卢作孚科学教育思想的特点;并在此基础上,进一步分析了卢作孚科学教育思想的历史贡献:通过分析发现作为"三杰"之一的卢作孚不仅将以北碚为中心的乡村建设延续到了新中国成立前夕,而且其对我国传统教育理念的变革和推动作用更是影响深远,主要包括动摇了民众的封建迷信思想,改变了重文史哲轻自然科技的传统教育方式,跨越了"劳心者"和"劳力者"的鸿沟,传播了科学社会化教育的理念等。

第五章主要归纳了卢作孚科学教育思想对当前的启示。

不可否认的是,当前我们所进行的社会主义新农村建设是一项长期而又系统的工程,为了确保这项事业的顺利推进,需要从多视角、多层次吸收和借鉴人类社会创造的一切文明成果。当我们放眼世界的同时，也不应该忽略 20 世纪二三十年代发生在我国大地上的乡村建设运动，而作为乡村建设运动"三杰"之一的卢作孚所开展的乡村建设更是不可忽视的一页。尽管卢作孚的科学教育思想有其历史局限性，但我们发现其中仍然有许多值得我们借鉴的地方。

首先，通过归纳发现在当时的历史背景下，卢作孚不仅明确提出了"乡村现代化"的口号，而且还认为"乡村第一重要的建设事业是教育；因为一切事业都需要人去建设，人是需要培养的，所以努力建设事业的第一步是应努力教育事业"。进而蕴含了"乡村现代化，教育优先"的哲学理念。很明显，尽管近年来，随着党和政府对义务教育的重视，农村小学和初中入学率大幅提升，基本完成了在农村扫除青壮年文盲的目标，但农村的教育问题仍然严峻，因而"三农"问题的解决和社会主义新农村的建设都离不开经济建设和教育建设，而如何辩证地处理两者关系既是教育问题也是经济建设问题。基于此，我们认为卢作孚准确把握了发展经济，教育优先的真谛。无论是从泸州到成都再到北碚实验区，卢作孚都坚持首先大力发展当地的教育，不但培养本土人才骨干而且还引进先进的科学技术和人才，为乡村现代化提供人才储备，然后依靠这些骨干和高素质人才，教化民众，传播先进科技知识，进而吸引更多的民众参与乡村建设事业，为乡村现代化建设夯实基础。毫无疑问，卢作孚把发展教育放在建设农村、发展农村首位的思想和做法，值得我们的仔细分析和借鉴。

其次，面对当时北碚"一个镇乡不下几千个小孩子，却每每不过一两个小学校，私塾的数目不知若干倍于学校的数目，不读书的小孩子不知若干倍于读书的小孩子"的境况，卢作孚响亮地提出了"读书须普及"，"学校教育，普及为重"。在卢作孚的推动下，北碚的科教文化事业很快就迈入了当时中国的前列，并使北碚成为当时四川甚至整个西部地区的教育重镇。自改革开放以来，尽管我国的教育事业取得了长足的发展，但仍然有改进的空间。例如，如何在提升整体教育水平和教育质量的过程中，不"提升"甚至是减轻居民的教育负担，这就是当前民众一致关心的问题。因而,本文就此提出我们仍有必要着实仔细分析卢作孚的办学思想,特别是借鉴其学校教育,普及为重的理念,为实现"人人皆有天赋之本能,即人人皆有受教育之机会。吾人所处欲得良好之社会,必其社会中皆系受良好教育之人。是今后受教育者,应为人类全体"的目标而努力。

最后,卢作孚认为对民众进行科技知识的传播"是知识技能的总动员,因为享有知识是权利,传习知能是义务,享权利就应该服义务,所以要实行人既以知传我,我即应以知能传于人的主张",进而倡导"民众教育,科普为主"。而另一方面,我国当前的社会主义新农村建设在科学文化传播方面仍有较大的提升空间,也没有完全满足农村民众长期的文化需求。更为严重的是,农村文化市场的空缺往往会给各种迷信活动乘虚而入之机,例如,卜卦算命、风水阴阳和求神拜佛等仍难以杜绝;甚至,一些邪教也乘机到农村开展所谓的"讲经布道",这不仅严重危害农村大众的生活,而且与我国社会主义新农村建设的要求背道而驰。

综上所述,卢作孚科学教育思想及其所创办的科学院、博物馆、图书馆等科普教育资源,不仅是当时、当地具体的科学传播活动的重要形式和内容,而且这也应是中国科学传播史的一部分重要内容。在当前的新农村建设中,他的科学教育思想与实践是颇为值得研究和借鉴的。

《东方杂志》在近代科学传播过程中的作用（1904—1932）

作者：**马　粹**
导师：**章梅芳、潜　伟**
学位：**硕士**
学科：**科学技术史**
学位授予学校：**北京科技大学**
答辩时间：**2009 年 12 月**

关键词　科学技术史；科学传播；《东方杂志》

　　《东方杂志》是中国近代期刊史上连续刊行时间最长的一份大型综合性学术文化期刊，它在传播近代自然科学知识方面发挥了重要作用。《东方杂志》介绍了大量国外的科学知识与科学原理，涉及物理学、化学、生物学等各门科学。

　　本文对《东方杂志》1904—1932 年间涉及的科学知识方面的文章进行了内容分类及统计研究，对与相对论、进化论及科学技术与社会方面的一些重要文本进行了具体分析，并在此基础上对《东方杂志》在近代科学传播过程中的特点和影响进行了初步的探讨。

　　文章认为，《东方杂志》在近代中国早期传播相对论的过程中具有转口日本自然科学知识，注重学术价值并兼顾科学普及等特点；《东方杂志》在近代中国早期传播进化论的过程中提出了"进化不等于进步",注重"互助进化论"与"竞争进化论"的共同推介等特点;《东方杂志》在传播自然科学知识之外,还特别注重对科学的性质、价值及其与其他文化的关系等科学技术与社会问题的传播与思考;《东方杂志》在近代科学技术传播过程中具有在商言商的经营理念、固守理性的学术精神和渐进温和的传播方式,传播者具有人文关怀精神、杂志市场发行量大、注重与读者互动等特点。

该刊作为中国近现代科学发展的历史见证,在科学的宣传与普及方面居功至伟。特别是在 20 世纪 30 年代以前,对相对论和进化论在中国的早期传播起到了非常重要的作用。此外,它对科学技术与社会方面内容的介绍与思考,也对今天的科学文化研究具有一定借鉴意义。